《宁夏盐渍化耕地农艺改良利用技术研究》编委会

主　编

郭军成　朱志明　李　磊

副主编

王明国　高　升　尹学红　耿　荣

编写人员

王明国　王彦琪　王生明　王双喜　王晓媛　王旭敏

尹学红　田惠萍　刘春光　刘文丽　朱志明　朱勇臣

李志刚　李广成　李宗泽　李成虎　李　磊　李　珍

李喜红　杨俊丽　沈　雯　陈彩芳　陈生军　陆占军

张文丽　高　升　郭军成　倪细炉　耿　荣　普正菲

宁夏盐渍化耕地
农艺改良利用技术研究

宁夏回族自治区农业技术推广总站 ｜ 编

黄河出版传媒集团
阳 光 出 版 社

图书在版编目（CIP）数据

宁夏盐渍化耕地农艺改良利用技术研究 / 宁夏回族

自治区农业技术推广总站编. -- 银川：阳光出版社，

2024.7. --ISBN 978-7-5525-7442-5

Ⅰ.S156

中国国家版本馆 CIP 数据核字第 2024R2D313 号

宁夏盐渍化耕地农艺改良利用技术研究　宁夏回族自治区农业技术推广总站　编
NINGXIA YANZIHUA GENGDI NONGYI GAILIANG LIYONG JISHU YANJIU

责任编辑　胡　鹏
封面设计　晨　皓
责任印制　岳建宁

黄河出版传媒集团
阳　光　出　版　社　出版发行

出 版 人　薛文斌
地　　址　宁夏银川市北京东路 139 号出版大厦（750001）
网　　址　http://www.ygchbs.com
网上书店　http://shop129132959.taobao.com
电子信箱　yangguangchubanshe@163.com
邮购电话　0951-5047283
经　　销　全国新华书店
印刷装订　宁夏凤鸣彩印广告有限公司
印刷委托书号　（宁）0030299

开　　本　720 mm×980 mm　1/16
印　　张　13
字　　数　200 千字
版　　次　2024 年 7 月第 1 版
印　　次　2024 年 7 月第 1 次印刷
书　　号　ISBN 978-7-5525-7442-5
定　　价　68.00 元

前　言

　　土壤盐碱化问题是当前土壤退化的一个重要类型，不仅影响作物根系生长，而且影响作物根系吸收能力，造成作物减产、品质下降。据不完全统计，全球约有 7% 的土地受到盐碱化威胁，而且这一数字还在继续上升。进入 21 世纪以来，人类面临人口增加、资源枯竭、可耕地减少、土地沙漠化等重大问题，特别是在发展中国家，人口问题、土地资源问题尤为突出，人们需要通过不断开发新的土地资源，以确保耕地安全、粮食安全和生态安全。盐碱土作为重要的后备耕地战略资源，具有巨大的发展潜力，因此合理改良和利用盐碱地对缓解耕地资源紧缺、保障国家粮食安全具有重要意义。

　　宁夏，拥有着丰富的农业资源和悠久的自流灌溉历史，但盐碱地问题却长期制约着当地的农业发展和生态平衡。宁夏的盐碱地问题具有其特殊性和复杂性，它不仅与生态平衡紧密相连，更关乎农业生产的质量效益。面对这片土地上的盐碱地，无数科研人员投身其中，以严谨的科学态度和创新的思维，探寻着各种农艺改良途径。在此，我们要衷心地感谢那些奋战在宁夏盐碱地改良利用技术研究一线的研究者们。是他们不畏艰难，日夜耕耘，用自己的智慧和汗水为我们积累了宝贵的经验和知识。他们的奉献精神和专业素养是推动这项研究不断前进的强大动力。没有他们的努力和付出，就不会有本书中所呈现的丰富内容和深刻见解。

《宁夏盐渍化耕地农艺改良利用技术研究》介绍了本研究团队自 2017 年以来，以银北盐碱地为研究对象，在盐渍化耕地改良利用方面开展的一系列探索和研究。本书第一章论述了盐碱地改良对保障粮食安全的重要意义，提出了研究思路和创新点。第二章介绍了本团队系统性地开展盐碱地盐离子分布特征、土壤微生物分布特征、水盐动态变化特征监测分析和调查研究。第三章介绍了本团队在盐碱地农艺改良技术方面开展的研究探索，包括在农艺措施下土壤物理性状、化学性状、微生物群落结构、土壤酶活性、土壤碳平衡等的响应及对作物产量的影响，形成了宁夏盐碱地农艺改良技术体系。最后一章对农艺改良措施进行了评价及在实际生产中的应用效果分析。

本书是对研究团队近八年研究成果的总结，系统阐述了盐碱地改良利用技术团队的研究过程和结论，书中运用了大量、翔实的一手数据，在理论和方法上均具有一定的创新性，通过对宁夏盐碱地农艺改良技术的深入研究与探讨，希望能为相关领域的学者、从业者以及关心这片土地未来发展的人们提供一份有价值的参考。但限于编者水平有限，时间仓促，难免在研究思路、研究方法及研究结论等方面总结不足，甚至存在不妥或错误之处，敬请专家学者和广大读者批评指正。

郭军成

2024 年 6 月于银川

目 录

CONTENTS

第一章
盐碱地改良利用概述与研究思路

一、研究的背景意义

土壤盐碱化、水土流失、土地沙漠化、环境污染和干旱已成为世界五大灾害因子。土壤盐碱化是世界性环境问题，大量土壤资源因土壤盐碱化而荒芜，从而导致生态环境恶化，根据联合国教科文组织和世界粮农组织统计，全球盐碱地面积约 $9.54×10^8$ hm²，占全球陆地面积的 10%，这一数字目前还处于上升趋势 [1,2]，全球盐碱地主要集中在欧亚大陆，非洲和北美洲西部干旱、半干旱、半湿润地区 [3]，全球土地受盐渍化影响的国家和地区有 100 多个，随着全球水资源的日益匮乏，加之土地荒漠化的日趋严重，据估计，至 2050 年将有过半的耕地将受到盐渍化困扰 [4]。我国是全球第三大盐碱地分布国家，盐碱地面积约为 $9.91×10^7$ hm²，土壤盐渍化已经成为严重的生态环境问题 [5]。

土壤盐碱化与人类活动密切相关。进入 21 世纪以来，人类面临人口增加、资源枯竭、可耕地面积减少、土地沙漠化和盐碱化等重大问题，特别是在发展中国家，人口问题、土地资源问题尤为突出，其中土地沙漠化、水土流失和盐碱化呈现逐步加重的趋势。人们不断开发新的土地资源，以确保耕地安全、粮食安全和生态安全。随着我国人口增长及在推进工业化和城市化过程中，人均耕地面积不断减少，盐碱地的改良利用成为新增耕地重要的后备土地资源和确保全国 18 亿亩耕地的"红线"不被突破的重要举措 [6]。盐碱地作为我国重要的后备耕地战略资源,具有巨大的发展潜力,其中具有农业发展潜力的占我国耕地面积的 10% 以上 [7],因此合理治理和利用盐碱地对缓解我国耕地面积紧缺、增加我国耕地面积,保障国家粮食安全市场稳定有效供给具有重要意义,是落实"藏粮于地、藏粮于技"战略的重要途径 [8]。

我国盐碱地分布广,盐碱化过程和成因多样且复杂,主要因素包括自然因素和人为因素两个方面,从 20 世纪 50 年代开始,我国学者开展了大规模的盐碱地治理研究工作 [9],取得了显著的成效。由于我国幅员辽阔,地形地质复杂多样,因此不同区域的盐碱地主要成因、盐碱化程度、土壤结构和理化性质都具有不同的特点。根据分布区域可分为:西北硫酸盐盐碱地,属于极端干旱漠境盐土区,该地区包括新疆南部塔里木盆地、东部吐鲁番盆地和青海柴达木盆地 [10];河套灌区盐碱地,该地区属于半漠内陆盐土区,包括内蒙古河套灌区、宁夏银川平原、新疆准噶尔盆地、甘肃河西走廊等,处于黄河中上游;东北苏打盐碱地,东北苏打盐碱地主要分布在松嫩平原、辽松平原和三江平原,属于温带半湿润气候区;华北插花盐碱地,黄海平原临近滨海平原,多为氯化物盐碱土,也有硫酸盐-氯化物盐碱土、碳酸盐-氯化物盐碱土及它们脱盐而成的瓦碱土,这 4 类盐碱土呈不同大小的斑状相互插花分布在耕地中 [11];滨海滩涂盐碱地,位于我国东部和南部沿海,分别属于渤海、黄海、东海和南海 4 大海域,自然气候差异较大,都是受海水的浸渍而成,而且海拔较低,土壤和地下水中的盐分基本来自海水,土壤的盐碱程度和地下水的矿化度平行与海岸呈带状分布,频繁的季节性积盐和脱盐交替过程,离海岸越近含盐量越高。不合理开发利用会造成更大环境破坏,每个类型盐碱地改良方法不同,治理盐碱地要根据不同类型盐碱地特点因地制宜,选择相对应的改良方法以水为中心,治盐与治水相结合,有针对性运用适合改良方法 [12]。

二、盐碱地改良利用研究进展

（一）宁夏盐碱地现状

宁夏引黄灌区是黄河上游古老的农业灌溉区之一，秦汉以来，在两千多年的发展过程中，各族人民以其聪明的才智和辛勤劳动，创建了以秦渠、汉渠、唐徕渠为代表的自流灌溉系统，将干旱少雨的荒漠草原变为塞上江南，为宁夏的农业发展和经济的繁荣作出了重大的贡献。但随着黄河水的灌溉，不仅给土壤输入了水分，也带来了盐分，宁夏引黄灌区属于典型盐渍化灌区，存在不同程度土壤盐渍化问题，严重威胁引黄灌区生态环境安全和农业高质量发展。

按照王遵亲编写的《中国盐渍土》书中划分标准，全盐含量在0.3%以内为轻度盐碱地，在0.3%~0.6%为中度盐碱地，在0.6%以上为重度盐碱地[13]。根据近年来调查结果，宁夏耕地土壤盐渍化面积（含轻度盐渍化、中度盐渍化、重度盐渍化和潜在盐渍化）为17.67万hm²，约占现有耕地面积的13.7%，轻度盐渍化耕地面积较大，约为9.33万hm²，占盐渍化耕地面积52.8%；中度盐渍化耕地4.95万hm²，占比为28.0%；重度盐渍化耕地面积为2.89万hm²，占比12.9%；潜在盐渍化耕地面积为1.11万hm²，仅占6.3%，占比最小[14]。从分布区域来看，宁夏盐渍化耕地主要分布在银川以北的自流灌区，面积为14.19万hm²，占全区盐渍化耕地总面积的80.3%；其次分布在中部干旱带以红寺堡为代表的扬黄灌区，面积为2.15万hm²，占比为12.2%；南部山区盐渍化耕地面积最少，为1.33万hm²，仅占总面积的6.3%。

（二）宁夏土壤盐渍化耕地成因分析

宁夏灌区位于干旱、半干旱地区，该区地处中温带半干旱、干旱区，年均降水量仅为292 mm，而水面蒸发量高达1 296 mm，土壤盐渍化的潜在威胁始终存在。灌区盐渍土是由气候、地质、外源水的入渗、地形、不合理的水稻布局等因素综合作用的结果。第一，由于气候干燥，强烈的蒸发构成了盐分垂直运动的动力；第二，银北平原第四纪沉积物厚 1 009~1 609 m，其基底构造不利于地下径流排泄，而浅层表部岩性为二元结构，即上表层为一厚度不等的亚黏土盖层（一般厚 0~5 m），下表层为岩性单一的深厚砂层；第三，灌溉水的入渗与各级渠系的渗漏补给了地下水，造成水位进一步抬升；第四，由于地形平缓，明沟不能深挖，排水不畅，银川平原地势自南向北下降，上游为 1/2000，中游为 1/2000~1/4000，下游为 1/6000~1/12000，地下水的矿化度由南向北递增，由 1/3 g/L 增加到 10 g/L；第五，水稻的不合理布局，如高斗高地种稻，插花种稻、无排水种稻等均对下游盐碱化起到了推波助澜的作用。

（三）宁夏银北盐碱地土壤水盐特征

银北地区耕地盐渍化危害主要表现为春季土壤化冻后，下层水的盐分离子随土壤毛管水上行在地表积累，对农作物出苗及苗期生长产生危害，摸清耕地盐渍化特征是开展盐碱地治理的基础。本研究团队根据盐碱地分布特征，在银北的惠农区、大武口区、平罗县、贺兰县和兴庆区设置 180 余个水盐动态监测点，采用数量统计、相关分析和主成分分析等方法，对银北盐碱地盐渍化特征进行动态监测。

（1）土壤 pH 和全盐

根据 2019 年春季监测数据（表 1-1），银北盐碱地 0~20 cm 土壤 pH 平均为 8.34，范围为 7.65~10.00；从变异系数（Cv）来看，变异系数小于 10%，为弱变异，表明 0~20 cm 土壤 pH 空间差异不大。20~50 cm 土壤 pH 平均为 8.43，略高于表层土壤，变化范围为 7.65~10.00，变异系数为 5%，说明 20~50 cm 土壤 pH 空间差异也不大。

春季全盐监测结果表明，0~20 cm 土壤全盐平均含量为 2.57g/kg，变化范围为 0.39~9.94 g/kg，变异系数为 65%，属于中等变异，说明 0~20 cm 土壤全盐空间差异较大，不同区域耕地土壤全盐含量存在较大差别；从分级结果来看，有 27.7%的监测点未达到耕地盐渍化标准，46.2%属于轻度盐渍化，23.9%属于中度盐渍化，仅 2.2%属于重度盐渍化。从 20~50 cm 土壤全盐监测结果来看，全盐平均含量为 2.10 g/kg，低于上层土壤，说明春季土壤盐离子表聚现象明显；含量变化范围为 0.30~7.34 g/kg，变异系数为 54%，属于中度变异，空间差异同样较大。

表1-1 银北盐碱地土壤 pH 和全盐监测统计结果

	深度/cm	pH	全盐/(g·kg⁻¹)
极小值	0~20	7.65	0.39
	20~50	7.65	0.30
极大值	0~20	10.00	9.94
	20~50	10.00	7.34
均值	0~20	8.34	2.57
	20~50	8.43	2.10
Cv	0~20	5%	65%
	20~50	5%	54%

（2）盐离子含量

根据 2019 年春季土壤盐离子含量监测结果（表 1-2），土壤中的 SO_4^{2-}、Cl^-、Ca^{2+}、Na^+ 随着土层深度变化，盐离子含量变化明显，具有明显的表聚现象。0~20 cm 土壤中含量高的盐离子为 SO_4^{2-}、HCO_3^-、Na^+ 和 Cl^-，含量分别占八种离子之和的 31.1%、18.6%、16.1%和 15.0%；20~40 cm 土层中含量高的离子同样是 SO_4^{2-}、HCO_3^-、Na^+ 和 Cl^-，含量分别占全盐的30.7%、21.6%、14.9%和14.1%。0~20 cm 土壤中除 HCO_3^-、SO_4^{2-} 和 Mg^{2+} 为中等变异外，其余 5 种离子全是强变异，而其中以 CO_3^{2-} 变异程度最大；20~50 cm 土壤中 HCO_3^-、SO_4^{2-} 为中度变异，其余 6 种离子为强变异。

表1-2　全区盐碱地土壤盐离子含量统计结果

深度/cm	项目	CO_3^{2-}/$(g \cdot kg^{-1})$	HCO_3^-/$(g \cdot kg^{-1})$	SO_4^{2-}/$(g \cdot kg^{-1})$	Cl^-/$(g \cdot kg^{-1})$	Ca^{2+}/$(g \cdot kg^{-1})$	Mg^{2+}/$(g \cdot kg^{-1})$	Na^+/$(g \cdot kg^{-1})$	K^+/$(g \cdot kg^{-1})$
0~20	均值	0.05	0.52	0.87	0.42	0.32	0.14	0.45	0.03
	极小值	0.00	0.00	0.02	0.00	0.00	0.00	0.00	0.00
	极大值	0.86	1.89	4.76	2.99	2.32	0.64	2.69	0.36
	Cv	204%	64%	78%	100%	123%	88%	108%	119%
20~40	均值	0.06	0.52	0.74	0.34	0.23	0.13	0.36	0.03
	极小值	0.00	0.00	0.00	0.00	0.00	0.00	0.00	0.00
	极大值	0.38	2.81	3.35	2.02	2.58	0.86	2.20	0.68
	Cv	154%	69%	68%	101%	132%	110%	106%	198%

（四）盐碱地改良利用技术

耕地是农业生产的基础，是特殊的农业生产资料，它以其独特的自然属性直接参与农业生产过程，既是劳动手段，又是劳动对象。因此，耕地质量决定农业生产的水平和经济效益。耕地利用的好坏，对农产品生产及安全产生很大的影响。盐碱地作为重要的耕地后备资源，具有盐含量高、养分含量低、土壤结构差、微生物活性和丰富度低等缺点，使得盐碱地开发利用面临诸多困难[15]。国内外在盐碱荒地改良技术方面已经取得了许多成功的经验，但由于各地土壤、地下水、气候和生态环境等主要影响因素不同，改良效果差距很大。因此，盐碱荒地的改良是一个长期的系统过程，盐碱荒地改良利用的核心是改善植物生长的土壤环境。我国盐碱地改良工作始于20世纪50年代，主要采取以水利工程措施为主、化学、物理、农艺措施为辅。水利工程措施主要包括：灌水洗盐，排水脱盐，蓄水压盐、节水控盐、客土改良等[16]；化学方法主要采用施用含Ca^{2+}的剂料置换吸附在土壤上的Na^+，最常用的有石膏、磷石膏、燃煤电厂脱硫石膏等[17,18]；物理措施主要包括平田整地、机械深翻等；农艺措施主要包括：秸秆还田、增施有机肥、绿肥种植、测土配方施肥、种植耐盐碱作物等。

土壤盐渍化一直是制约宁夏引黄灌区农业发展和综合能力提高的主要障碍因素。中华人民共和国成立以来，经过几代人几十年不懈努力，宁夏土壤盐渍化得到有效治理。宁夏盐碱地改良以解决排水为主要措施，在20世纪50~60年代主要采取以明沟为主的灌排改良盐碱荒地技术；70~80年代主要利用竖井强制抽排技术改良盐碱荒地，80年代以后主要采取以明沟为主，辅以竖井与暗沟的综合改良技术。逐渐形成了以"排（开沟排水）、稻（种稻洗盐）、淤（放淤改良）、平（平整土地）、洗（冲洗改良）、灌（合理灌溉）、轮（稻旱轮作）、肥（施有机肥）、翻（伏秋翻晒）、松（及时松土）、种（耐盐品种）、换（铺沙换土）"十二字盐碱荒地改良技术方针，以及改善生产条件、降低地下水位、减少土壤盐分、培肥土壤、引进先进技术、推广现有成果、调整植物布局、发展林木生产的八项措施 [19]。

（1）工程水利措施

"盐随水来，盐随水去" [20]，土壤中水的运动引起的土壤水盐状况随着时间和空间而不断变化。根据这一原理，利用水利工程对灌溉水和地下水进行调控，进而对土壤含盐量进行调控，最终达到降低土壤盐分的目的。其核心主要包括三点：一是建立完善的灌溉系统，二是建立现代化排水系统，三是建立井和沟渠相结合的灌排工程系统 [21]。

灌水洗盐的方法是在盐碱地上灌溉一定量的水，将土壤中的盐分淋洗到地下水中，以降低土壤含盐量的方法，灌溉可降低土壤的导电率和Na^+的吸附率，同时可增加植物的生物产量和改良土壤立地条件，然而在盐分淋洗的过程中，土壤中一些植物必需的矿质元素也会随水排走 [22]。利用此措施对盐碱地进行改良，有通畅的排水出路是至关重要，如果只灌不排，不仅无法收到理想的改良效果，甚至可能加重盐碱化的程度。

排水脱盐主要有明沟排水、暗管排水、竖井排水等措施。明沟排水就是指在田间每隔一定距离挖掘一定深度的沟渠来排水脱盐的方式 [23],适用于盐碱较重,地下水位较浅且有排水出路的地点。宁夏 20 世纪 50 年代初期由于加强了水利基础设施建设,特别是大力开挖排水沟,相继建成了河西灌区第一至第五排水干沟等主要排水工程,极大地改善了灌区排水条件,使得灌区地下水位下降,土壤盐渍化程度显著减轻 [24]。暗管排水是在地下一定深度(一般铺设在地下 1.5~2.5 m 之间)铺设带有孔隙的管道,将农田灌溉下渗水汇入管道排走,从而实现将盐分随水排走的目的 [23],此方法可以将地下水位控制在临界深度以下,以达到土壤脱盐的目的,阻止地下水中的盐分重新上返至地表引起再次积盐。另外一种常见的排水方法是竖井排水,其作用是利用竖井进行机械抽水排水,借以排除洗盐渗水和矿化地下水,控制地下水位 [13],具有成本低、空间小、水量大、调控地下水位灵活和便于维修等特点,并且可以和灌溉相结合,建设时以梅花形布井效果为最佳 [21]。利用机械从井内抽水进行灌溉,同时降低地下水位,达到灌溉和排水的双重作用 [25]。20 世纪 80 年代后,宁夏通过大力开展以排水淋盐为中心的农田基本建设,在银北地区共打排水机井 5 000 多眼,有效降低了地下水位,使灌区耕地土壤盐渍化程度总体上得到减轻,其中青铜峡灌区土壤盐渍化面积减少了 24.59% [24]。

(2)化学措施

化学改良的原理是利用化学物质与土壤盐碱成分发生作用,改善土壤理化性质,缓解甚至消除负面效应,为植物创造适宜的生长环境。化学改良剂在一定程度上能够使土壤疏松,保持水分,降低土壤的 pH 和含盐量,理化性质得到改善,促进植物吸收水肥,有利于植物的健康生长 [26],还能通过离子交换等过程改变土壤中盐基组成 [25]。目前,国内外盐碱土的化学改良剂主要有以石膏等物质为主、以硫酸及酸性盐为主、以风化煤及泥炭等有机物为主三类原料 [27]。大量研究表明,石膏类物质可降低土壤 pH、促进土壤脱盐、降低土壤碱化度,增加土壤 Ca^{2+} 含量、改善团粒结构 [28],降低土壤毛管孔隙、提升土壤非毛管孔隙和渗透系数 [29]，改善土壤养分状况 [30]。

1985 有学者观察到，在盐碱地施加磷石膏后谷物获得了较大的产量 [31]，近年来，国内进行了大量相关研究，赵锦慧、官娅莉等对磷石膏施入土壤改良盐碱地进行了大量研究 [32-34]。本研究团队在磷石膏改良盐碱地方面做了大量研究，形成了石膏类物质施用方法：通常施用量控制在 10~20 t/hm²。施用方法：一是表层撒施，也是近些年来盐碱地改良中最常用的方法，要及时进行旋耕、耙糖，使之与土壤充分混合；二是集中施，作物播种时在播种沟或播种穴沟内施，要注意减少石膏类物质用量；三是拌种，播种前用少量的石膏类物质和种子拌在一起，随播种施入土壤；四是制作营养钵，将石膏类物质与肥土混拌做成营养钵，施入土壤。注意施用时要施用有机肥，施后一周内要灌水洗盐、淋盐，才能充分发挥石膏、磷石膏、脱硫渣的改良作用。

近年来，国内外专家学者日益重视利用高聚物改良剂对盐碱土进行改良，土壤结构改良剂，可促进土壤结构改善，提高盐碱土入渗、导水性，从而降低土壤盐分。另外，腐殖酸、硫酸铝等也常用来作为盐碱地改良剂。腐殖酸在分解过程中还可以产生各种有机酸，有利于中和碱性，活化钙镁等盐类，有利于离子交换，释放土壤中养分，改善土壤的理化性质 [25]。硫酸铝具有很强的絮凝能力，可以促进土壤团聚体的形成。

然而总体上讲，化学改良法虽然见效快，但是成本较高，不适宜在较大范围内应用，同时如果应用不得当，过量的化学改良剂进入到环境中很可能会造成二次污染，从而对环境和生态造成不利影响。

（3）物理措施

物理措施改良盐碱地主要包括平田整地、深松耕、表面覆盖等措施，其目的是通过物理措施，切断毛管，阻止毛管水的上升，从而达到抑制地表水分蒸发，阻止盐分水分沿着毛管向上运动。

平整土地是盐碱地改良中常见的一项措施，盐分的分布受微地形的影响很大，土地不平形成局部积水和盐斑，盐分通常倾向于在微地形中地势较高的地点积累，呈现出斑块状盐碱化 [35]，平整土地可使灌水深浅一致，减少用水量，实现均匀灌溉，加速脱盐及均匀脱盐 [14]。

深松耕可以在地表形成一层粗糙层，切断土壤毛管，减少土壤蒸发，使土壤盐分不能随着水分蒸发而聚集地表，起到抑制土壤返盐的作用。在宁夏灌区生产实践中，秋季深翻深松是防治土壤盐渍化的有效措施，在不打乱原有土层结构的情况下，机械深翻深松控制在 30 cm 为宜，最浅不得低于 25 cm [14]。

土壤盐分"表聚"是土壤发生盐渍化的重要因素，通过地面覆盖，减少地面蒸发，抑制盐分表聚，也是盐渍土改良的一种手段 [36]。覆盖法可阻止地表与大气间直接接触，抑制土壤水分损失，明显提高土壤水分含量，减少土壤表层积累盐分，提高植物出苗率及产量 [37-39]。乔海龙研究表明秸秆隔离能够切断土壤毛细管，降低潜水蒸发，抑制盐分在根层聚集 [40]。张振华等 [41]、赵明彦等 [42]、孙博等 [43]、王成宝等 [44]、宫秀杰等 [45] 研究了利用覆盖方式改良盐碱地均取得了积极成效，一定程度改善了土壤结构，有效减少了土壤表聚，促进了作物增产。

（4）农艺综合措施

众所周知，造成土壤盐渍化的原因非常复杂，单一的改良措施往往收效甚微，各类改良措施都有其优势和弊端，因此，在实际生产中，为了获得最佳的效果，需要扬长避短，根据立地条件，遵循"因地制宜，综合治理"的原则，将各种方法结合起来，弥补单一措施的不足，以求获得最佳的改良效果。

盐碱地农艺综合改良措施是在水利工程的基础上，综合化学、生物、物理改良措施的优点，采取合理耕作、秸秆还田、种植绿肥、测土配方施肥、水旱轮作、耐盐碱品种配套等措施，对盐渍化耕地进行综合治理。研究认为，综合改良措施是最有效的盐碱地治理措施。菲律宾通过深翻和石膏结合方法降低碱化土壤中的比例[46]。Ahmad et al.[47] 开展了水稻–小麦以及小麦–田菁单独轮作和轮作与石膏、硫酸等化学改良剂相结合对盐碱地的改良效果比较试验，结果表明，单独轮作仅在土壤盐碱度较低的情况下有效，在盐碱度较高时，需要将轮作与化学改良剂相结合，才能达到改善土壤的理化性质的理想改良效果。Sahin et al.[48] 将石膏和微生物结合起来改良盐碱地取得了显著成效。鲁天平等[49] 在新疆开展了秸秆覆盖和深沟造林结合对盐碱地改良效果研究，研究表明，几种措施结合起来对于土壤理化性质的改善要明显好于单独使用其中某一项措施。

宁夏引黄灌区在两千多年的灌溉农业生产过程中，始终与土壤盐渍化的防治和改良利用相联系，积累了丰富的经验，防治土壤盐渍化采取任何单项措施效果都是有限的，且不稳定，易发生反复。本研究团队以宁夏引黄灌区盐碱地为研究对象，在水利工程措施的基础上，采取秸秆还田、增施有机肥、磷石膏等综合措施，土壤团粒结构、土壤酶活性、土壤微生物多样性、土壤肥力水平均能显著提高。

三、研究思路与技术路线

（一）研究区域概况

本研究以宁夏引黄灌区和扬黄灌区盐渍化耕地为研究对象。

宁夏引黄灌区地处北纬 37°30′~39°30′ 的河套灌区。位于宁夏回族自治区北部，包括卫宁平原和银川平原的 10 个县市（中卫、中宁、青铜峡、利通区、灵武、永宁、银川郊区、贺兰、平罗、惠农）。海拔 1 070~1 234 m，年平均气温 8~9 ℃，气温日差 12~15 ℃，4—9 月作物生长季节 ≥10 ℃积温为 3 200~3 400 ℃，无霜期 140~160 天。年降水 190~230 mm，降水多集中于 6—9 月，占全年降水量的 50%~73%，该地区面积仅占全区面积的 13.8%，但有黄河得天独厚的灌溉条件，是宁夏的商品粮生产基地，素有"塞上江南，鱼米之乡"之美誉。该地区土壤类型以长期引黄灌溉淤积和耕作交替进行形成的灌淤土为主，土壤肥沃，质地适中，保水保肥力强。

宁夏扬黄灌区位于宁夏中部干旱带，主要包括固海、盐环定、红寺堡三大扬水及自流扬黄灌区周边的南山台子、陶乐、月牙湖、五里坡、扁担沟、甘城子等扬水灌区，三大扬黄灌区基本上没有排水沟道，主要依托天然沟壑排除灌区地下径流和暴雨洪水[50]。该区域全年降水稀少，年降水量200~300 mm，年水面蒸发量达到1 800~2 400 mm，部分地区土壤母质含盐量较高，有通体、分层高含盐等形式。由于蒸发强烈，极易将土壤中的盐分带到地表集聚，产生次生盐渍化。

（二）研究思路

本书紧紧围绕宁夏盐渍化耕地农艺改良利用，介绍了本研究团队以银北盐碱地为研究对象，在盐渍化耕地改良利用方面开展的一系列探索和研究。本团队系统全面地对银北盐碱地盐离子特征、微生物特性开展了调查分析，开展了秸秆还田、有机肥等农艺改良措施对盐碱地改良技术研究，并对盐碱地农艺改良技术应用效果进行了分析评价，提出了适用于宁夏盐渍化耕地农艺改良的具体措施，为宁夏乃至全国盐碱地改良提供技术借鉴。

本书第一章论述了盐碱地改良对保障粮食安全的重要意义，综述了宁夏盐碱地分布现状、成因分析、水盐动态特征、改良利用技术。开展了宁夏盐碱地基础调查研究（第二章），系统性地开展盐碱地盐离子分布特征、土壤微生物分布特征、水盐动态变化特征监测分析研究。在此基础上，开展了盐碱地农艺改良效果研究（第三章），包括在秸秆还田、有机肥施用等措施下，土壤物理性状、化学性状、微生物群落结构、土壤酶活性、土壤碳平衡等的响应及对作物产量的影响，初步确定了宁夏盐碱地农艺改良技术措施。最后一章对农艺改良措施进行了评价及在实际生产中的应用。

（三）技术路线

技术路线如图 1-1 所示。

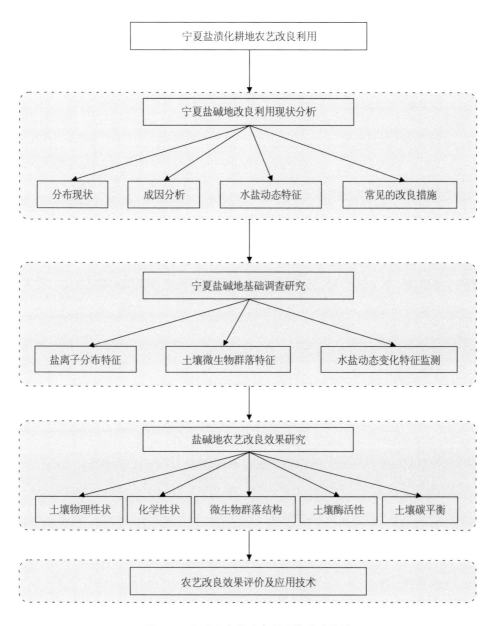

图 1-1 盐碱地农艺改良利用技术路线图

参考文献

[1] 王景立, 韩楠楠, 冯伟志, 等. 东北苏打盐碱地整治工程技术与装备研究综述 [J]. 农业与技术, 2018, 38 (23): 1-4.

[2] 李建国, 濮励杰, 朱明, 等. 土壤盐渍化研究现状及未来研究热点 [J]. 地理学报, 2012, 69 (9): 1233-1245.

[3] 李洪影. 生物措施对松嫩平原盐碱退化草地改良效果的研究 [D]. 东北农业大学, 2013.

[4] Ashraf M. Breednig for sailntiy tolerance in plants [J]. *Crti Rev Plant Sci*, 1994 (13): 17-42.

[5] 王斌, 马兴旺, 单娜娜, 等. 新疆盐碱地土壤改良剂的选择与应用 [J]. 干旱区资源与环境, 2014, 28 (7): 111-115.

[6] 肖克飚. 宁夏银北地区耐盐植物改良盐碱土机理及试验研究 [D]. 西北农林科技大学, 2013.

[7] 王佳丽, 黄贤金, 钟太洋, 等. 盐碱地可持续利用研究综述 [J]. 地理学报, 2011, 66: 673-684.

[8] 刘娜. 河套平原盐碱地不同材料隔层水盐调控及培肥增产机制与效应 [D]. 内蒙古大学, 2021.

[9] 杨劲松. 中国盐渍土研究的发展历程与展望 [J]. 土壤学报, 2008, 45 (5): 837-845.

[10] 俞仁培, 陈德明. 我国盐渍土资源及其开发利用 [J]. 土壤通报, 1999, 30 (4): 158-159.

[11] 温利强. 我国盐渍土的成因及分布特征 [D]. 合肥: 合肥工业大学, 2010.

[12] 江杰, 王胜. 我国盐碱地成因及改良利用现状. 安徽农业科学 [J]. 2020, 48 (13). 85-87.

[13] 王遵亲，祝寿泉，俞仁培.中国盐渍土［M］.北京：科学出版社，1993.

[14] 马玉兰，徐润邑.宁夏耕地土壤与地力［M］.银川：阳光出版社，2020.

[15] 张体彬，展小云，冯浩.盐碱地土壤酶活性研究进展和展望［J］.土壤通报，2017，48（2）：495-500.

[16] 关胜超.松嫩平原盐碱地改良利用研究［D］.中国科学院大学，2017.

[17] 肖国举，罗成科，张峰举，等.燃煤电厂脱硫石膏改良碱化土壤的施用量［J］.环境科学研究，2010，6（6）：762-767.

[18] 范富，徐寿军，宋桂云，等.玉米秸秆造夹层处理对西辽河地区盐碱地改良效应研究［J］.土壤通报，2012，43（3）：697-701.

[19] 黄建成，陈国栋，李鹏.宁夏引黄灌区土壤盐渍化现状与改良［J］.水土保持研究，2008，15（6）：256-258.

[20] 林成谷.土壤学（北方本）［M］.北京：农业出版社，1983.

[21] 张俊伟.盐碱地的改良利用及发展方向［J］.农业科技与信息，2011（4）：63-64.

[22] 赵可夫，范海，江行玉，等.盐生植物在盐渍土壤改良中的作用［J］.应用与环境生物学报，2002，8（1）：31-35.

[23] 徐鹏程，冷翔鹏，刘更森，等.盐碱土改良利用研究进展［J］.江苏农业科学，2014，42（5）：293-298.

[24] 周华，盛秀红，刘勇.宁夏灌区土壤盐渍化变化趋势及治理［J］.中国农业综合开发，2020（06）：31-33.

[25] 刘建红.盐碱地开发治理研究进展［J］.山西农业科学，2008，36（12）：51-53.

[26] 潘峰，刘滨辉，袁文涛，等.不同改良剂对紫花苜蓿生长和盐渍化土壤的影响［J］.东北林业大学学报，2011，39（5）：67-69.

[27] 马巍，王鸿斌，赵兰坡.不同硫酸铝施用条件下对苏打盐碱地水稻吸肥规律的研究 [J].中国农学通报，2011，27（12）：31-35.

[28] 吴洪生，陈小青，周晓冬，等.磷石膏改良剂对江苏如东滨海盐土理化性状及小麦生长的影响 [J].土壤学报，2012，49（06）：1262-1266.

[29] 王玉江，吴涛，吴杰.磷石膏改良盐碱地的研究进展 [J].安徽农业科学，2008，17：7413-7414.

[30] 李焕珍，张中原，梁成华，等.磷石膏改良盐碱土效果的研究 [J].土壤通报，1994，06：248-251.

[31] Ghafoor，A.，Muhammad S. and Ahmad，N. 1985. Reclamation of Khurrianwala saline-sodic soil [J]. *Bull. Pakistan Council of Research in Water Resources*. 15（1）：23-28.

[32] 赵锦慧，李杨，乌力更，等.石膏改良碱化土壤的效果（Ⅰ～Ⅲ） [J].长江大学学报（自科版）2006（9）：111-116.

[33] 官娅莉，陈静曦，李洪飞.磷石膏对盐碱土的改良研究 [J].内蒙古环境科学，2008，20（1）：57-59.

[34] 孙昌禹，薛志忠，王文成，等.磷石膏对滨海盐碱土的改良效果研究 [J].中国园艺文摘，2012（2）：23-24.

[35] 李娟，韩霁昌，张扬，等.盐碱地综合治理的工程模式 [J].南水北调与水利科技，2016，14（3）：188-193.

[36] 宋玉珍.微生物肥料在松嫩平原盐碱地造林中的应用研究 [D].东北林业大学，2009，4.

[37] 王久志.沥青乳剂改良盐碱地的效果 [J].山西农业科学，1986（5）：13-14.

[38] 王诠庄，徐树贞.麦田秸秆覆盖的作用及其节水效应的初步研究 [J].

干旱地区农业研究，1989（2）：7-15.

[39] 李新举，张志国.秸秆覆盖对盐渍土水分状况影响的模拟研究［J］.土壤通报，1999，30（4）：176-177.

[40] 乔海龙，刘小京，李伟强，等.秸秆深层覆盖对水分入渗及蒸发的影响［J］.中国水土保持科学，2006，4（02）：34-38.

[41] 张振华，严少华，张学志.覆草量对水盐运动影响的实验研究［J］.水土保持研究，1996，3（3）：93-96.

[42] 赵名彦，丁国栋，郑洪彬，等.覆盖对滨海盐碱土水盐运动及对刺槐生长影响的研究［J］.土壤通报，2009，40（4）：751-754.

[43] 孙博，解建仓，汪妮，等.秸秆覆盖对盐渍化土壤水盐动态的影响［J］.干旱地区农业研究，2011，29（4）：180-184.

[44] 王成宝，杨思存，霍琳，等.地面覆盖方式对新垦盐碱地的抑盐和增产效果研究［J］.甘肃农业科技，2014（11）：42-45.

[45] 宫秀杰，来永才，钱春荣，等.耕作方式对松嫩平原北部盐碱地土壤理化性状的影响［J］.作物杂志，2014（1）：115-120.

[46] 周学武.粉煤灰与污泥配施改良山东郑路、华丰盐碱地的实验研究［D］.中国地质大学博士论文，2006.

[47] Ahmad S, Ghafoor A, Akhtar M E, *et al*. Ionic displacement and reclamation of saline-sodic soils using chemical amendments and crop rotation. *Land Degrad. Develop*., 2011（24）：170-178.

[48] Sahin U, Eroglu S, Sahin F. Microbial application with gypsum increases the saturated hydraulic conductivity of saline-sodic soils. Applied Soil Ecology, 2011（48）：247-250.

[49] 鲁天平，史征，刘永萍，等.深沟造林条件下秸秆覆盖对土壤养分和盐

分变化的影响 [J] . 农业工程学报，2015，31（12）：165-172.

[50] 刘学军，刘平，将正文. 宁夏扬黄灌区土壤盐渍化防治对策 [J] . 宁夏
农林科技，2018，59（09）：54-58.

第二章
盐渍化耕地调查分析

本章研究以银北灌区盐碱地为研究对象，旨在探明宁夏银北灌区盐渍化危害主要离子和盐离子变化特征，为盐渍化耕地改良提供科学依据。通过对164个监测点开展动态监测，监测内容包括地下水埋深与矿化度、土壤 pH 与碱化度、土壤全盐与分盐、土壤容重、CEC 容重等的指标。盐渍化程度表现为灌区上游轻下游重。从各种离子含量来看，所有县区土壤中硫酸根离子含量均是最高的；除硫酸根离子外，贺兰县和平罗县氯离子含量较高，兴庆区碳酸氢根离子含量较高，大武口区钠离子含量较高。从各离子与全盐相关性分析来看，银北灌区土壤全盐主要受到硫酸根离子、氯离子和钠离子含量的影响，且盐主要以氯化钠、硫酸钙和硫酸镁的形式存在。耕地地下水位高低与土壤盐渍化有着密切的关系，理论上地下水水位越低，土壤盐渍化程度越轻，土壤全盐含量越低；地下水水位越高，蒸发量越大，土壤全盐含量越高。从地下水埋深动态变化来看，由于受到灌溉的影响，4—8 月份地下水位不断升高，8 月下旬至 11 月初，地下水位不断降低，11 月由于受到冬灌的影响地下水位又出现下降趋势。

采用相关分析法和主成分分析法，对银北灌区土壤盐渍化特征开展研究，结果表明，宁夏银北地区春季土壤盐分表聚特征明显，盐分离子空间差异性强；0~20 cm 土壤中，全盐量与 SO_4^{2-}、Cl^-、Ca^{2+}、Mg^{2+}、Na^+ 和 K^+ 极显著相关，对土壤产生危害的主要离子是 Cl^-、Na^+、Mg^{2+}，盐渍类型是以氯化型盐渍土为主；20~50 cm 土壤全盐量与 K^+、Cl^-、SO_4^{2-} 具有极显著强相关，K^+、Cl^-、SO_4^{2-} 是主要危害盐离子，土壤的盐渍土类型是以氯化型盐渍土和硫酸型盐渍土为主。

第一节 水盐动态监测分析

摸清盐渍化耕地分布和水盐动态变化，是开展盐碱地治理的基础。为掌握不同区域盐渍化成因和变化动态，2018 年根据本地盐碱地分布相对集中的区域，春季开展不同盐渍化程度耕地土壤水盐动态监测工作。具体点位分布情况如表 2-1 所示，监测内容包括地下水埋深与矿化度、土壤 pH 与碱化度、土壤全盐与分盐、土壤容重、CEC 容重等指标。

表 2-1 水盐动态调查工作情况表

	点位数/个	地点	调查内容
兴庆区	40	通贵乡（30 个）、月牙湖乡（10 个）	地下水埋深、水质，土壤全盐、分盐
贺兰县	51		地下水埋深、水质，土壤全盐、分盐
平罗县	49	宝丰（10 个）、高仁（15 个）、黄渠桥（4 个）、灵沙（6 个）、渠口（10 个）、姚伏（4 个）	土壤全盐、分盐
大武口区	22	核心示范区（22 个）	地下水埋深、水质，土壤全盐、分盐
农垦	2	前进农场、贺兰山农牧场	地下水埋深、水质

一、不同区域盐渍化耕地地下水现状

含盐地下水随着毛细管上升，将盐分带到地表层，是土壤次生盐渍化形成的重要条件之一。因此，研究地下水动态，对指导盐渍化防治有着重要意

义。分别对兴庆区、贺兰县、大武口区、惠农区以及农垦农场盐渍化耕地地下水埋深和地下水矿化度进行了调查分析。

（一）兴庆区

兴庆区分别在通贵乡和月牙湖乡共计设立了 4 个地下埋深及矿化度调查点，调查结果如表 2-2 所示。结果表明，不同盐渍化区域耕地地下水埋深集中在 1.79~2.15 m，平均为 1.99 m。地下水矿化度在 2.26~1.48 g/L，平均为 1.57 g/L，水质相对较好。

表 2-2　兴庆区地下水埋深调查表

地点	水埋深/m	pH	矿化度/(g·L⁻¹)
司家桥村	1.79	8.08	1.48
通南村	1.9	7.94	1.24
通贵村	2.15	7.96	1.31
月牙湖乡	2.1	7.72	2.26

（二）大武口区

大武口区在 500 亩盐碱地农艺改良核心示范区内设置水样及地下水观察井 5 个，分别于 7 月 4 日、8 月 2 日和 9 月 26 日采集水样进行检测。结果表明（表 2-3），大武口盐碱地改良核心示范区总体来看地下水矿化度较为严重，7—9 月矿化度平均值为 15.91 g/kg，水质较差。从地下水 pH 和矿化度变化来看，7 月初到 9 月底地下水矿化度波动较大，pH 呈现增高趋势。

表 2-3　大武口区核心示范区地下水质调查表

采样日期	pH	矿化度/(g·L⁻¹)
7 月 4 日	7.83	20.3
8 月 2 日	7.97	10.43
9 月 26 日	8.11	17.00

（三）农垦农场

分别在贺兰山农场和前进农场布置水样监测点 1 个，每个监测点设置 3 个以上的重复样点，每隔 1 个月观测地下水埋深并采样测试地下水矿化度。

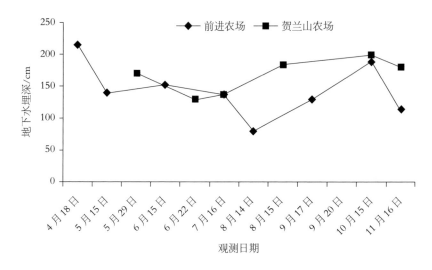

图 2-1　前进农场和贺兰山农场地下水埋深变化情况

图 2-1 为前进农场和贺兰山农场 4—11 月地下水埋深变化情况。总体来看，由于受到灌溉（大水漫灌）的影响，两个农场的地下水埋深均呈现先降低后升高的变化趋势。贺兰山农场的地下水埋深较前进农场的深，为 1.2~2.0 m；前进农场地下水埋深相对较浅，在 0.8~1.9 m。

农垦两个农场地下水矿化度调查结果如图 2-2 所示。总体来看，贺兰山农场地下水水质比前进农场地下水水质好，矿化度变化波动较小，为 1.43~2.40 g/L；贺兰山农场地下水矿化度随着时间的变化呈现上升趋势，这可能是由于秋季灌溉及降雨量的增加导致地下水位上升，表层土壤中大量的盐溶解到地下水中，导致地下水矿化度升高。前进农场地下水矿化度变化波动较大，为 1.75~3.67 g/L，水质相对较差。

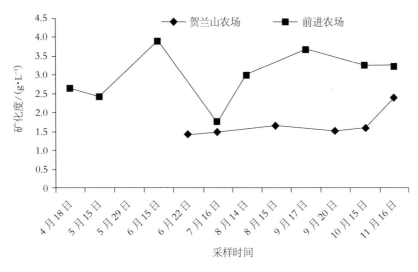

图 2-2　前进农场和贺兰山农场地下水矿化度变化情况

二、不同区域盐渍化耕地土壤 pH 和全盐现状

（一）贺兰县

贺兰县水盐动态监测点土壤盐分测试样采样点主要分布在立岗镇、金贵镇、常信乡、洪广镇等盐渍化耕地分布集中区域，累积调查样点 51 个，全盐和 pH 统计结果如表 2-4 所示。

表 2-4　贺兰县 0~20 cm 土壤全盐和 pH 调查结果

耕层	全盐/$(g \cdot kg^{-1})$		pH	
	0~20 cm	20~50 cm	0~20 cm	20~50 cm
均值	2.95	2.11	8.25	8.40
极大值	8.51	5.08	9.36	9.00
极小值	0.72	0.68	7.60	7.50
偏度	1.32	1.08	1.56	−0.26

调查结果表明，贺兰县 0~20 cm 土壤全盐平均值为 2.95 g/kg，pH 平均值为 8.25；从统计结果来看全盐和 pH 和全盐均为正偏态，说明 51 个样点中土

壤全盐和 pH 更多地比平均值小。20~50 cm 土壤全盐平均值为 2.11 g/kg，低于 0~20 cm 土壤；pH 高于 0~20 cm 土壤，为 8.40。土壤全盐含量最高点是三道湖村，为 8.51 g/kg，且该村的 6 个调查点全盐平均值为 5.06 g/kg；pH 最高点也位于三道湖村，说明该村盐碱化问题较为严重。

从 0~20 cm 土壤盐渍化耕地调查样点分级情况来看，全盐小于 1.5 g/kg 有 7 个点，占调查总数的 13.7%，未达到耕地盐渍化标准；全盐含量为 1.5~3.0 g/kg 有 27 个点，占调查总数的 52.9%，为轻度盐渍化；12 个样点水溶性全盐含量为 3.0~6.0 g/kg，占调查总数的 23.5%，属于中度盐渍化；重度盐渍化有 5 个点，占调查总数的 9.9%。从 pH 调查分级来看，51 个样点中 pH 小于 8.5 的有 46 个，占调查总数的 90.2%；pH 为 8.5~8.7 的有 4 个，占调查总数的 7.8%；pH 在 8.9 以上仅有 1 个，占调查总数的 2.0%。说明贺兰县耕地碱化问题较轻。

说明通过近三年的农艺改良措施，贺兰县耕地土壤碱化问题有所减轻。但重度盐渍化比例有所增加，今后盐碱地改良难度将进一步加大。

（二）平罗县

平罗县水盐动态监测点盐分测试样采样点主要分布在宝丰镇、高仁乡、渠口乡等 6 个乡镇，共计 49 个样点。统计结果显示（表 2-5），平罗县 49 个样点全盐含量平均值为 8.31 g/kg，pH 平均值为 8.57；全盐含量最高点和最低点均位于高仁乡，分别是 19.98 g/kg 和 1.72 g/kg。从偏度值来看，pH 和全盐偏度均为正偏态，都接近于 0，说明平罗县的 49 个样点值符合正态分布。

从调查结果来看，全盐含量为 1.5~3.0 g/kg 的有 3 个点，占调查总数的 6.1%，位于渠口乡和高仁乡；全盐含量为 3.0~6.0 g/kg 的有 17 个点，占调查总数的 34.7%；全盐含量为 6.0~10.0 g/kg 的有 11 个点，占调查总数的 22.0%；全盐含量大于 10.0 g/kg 有 18 个点，占调查总数的 36.7%。

pH 小于 8.5 的有 21 个，占调查总数的 49.2%；pH 为 8.5~8.7 的有 12 个，占调查总数的 24.5%；pH 为 8.7~8.9 的有 16 个，占调查总数的32.7%。

表2-5　平罗县土壤全盐和pH

	全盐/(g·kg⁻¹)	pH
均值	8.31	8.57
极小值	1.72	8.21
极大值	19.98	8.97
偏度	0.63	0.34

（三）兴庆区

兴庆区水盐动态监测点土壤盐分测试样点分别位于月牙湖乡的盐碱地改良核心示范区和通贵乡的 4 个村，其中月牙湖乡样点 10 个，种植作物为水稻；通贵乡 30 个样点，主要作物为水稻、大豆和玉米。40 个样点全盐和 pH 如表 2-6 所示。

表 2-6　兴庆区土壤全盐和 pH 监测结果

耕层	全盐/(g·kg⁻¹)		pH	
	0~20 cm	20~50 cm	0~20 cm	20~50 cm
均值	2.75	2.45	8.45	8.54
极大值	4.69	4.98	8.87	8.98
极小值	1.45	1.16	8.09	8.14
偏度	0.51	1.002	0.27	0.11

从全盐监测结果来看，0~20 cm 耕层全盐平均值为 2.75 g/kg，最大值监测点位于通贵乡，含量为 4.69 g/kg，属于中度盐渍化；20~50 cm 全盐含量低于0~20 cm 土壤，为 2.45 g/kg。从 0~20 cm 耕层全盐分级标准来看，在全部调查样点中，21 个样点土壤水溶性全盐含量为 1.5~3 g/kg，平均值为

2.65 g/kg，占调查样点总数的 52.5%，属于轻度盐渍化；19 个样点土壤水溶性全盐含量为 3~6 g/kg，平均值为 4.48 g/kg，占调查样点总数的 47.5%，属于中度盐渍化。调查结果表明，兴庆区盐渍化耕地集中区域盐渍化程度相对较轻，调查区域内不存在重度盐渍化耕地，充分说明经过长期持续的耕作施肥和农艺改良，耕地土壤盐渍化呈逐年减轻的趋势，耕地质量稳步提升。

pH 调查结果表明，0~20 cm 土壤 pH 平均值为 8.45，最大值为 8.87。调查结果表明（表 2-7），兴庆区耕地碱化危害相对不重，pH 在 8.7 以上的样点仅为 5 个，占调查样点总数的 12.5%；35 个样点 pH 在 8.7 以下，占调查样点总数的 87.5%，而且小于 8.5 的样点占调查样点总数的 65%。这表明兴庆区盐渍化耕地集中的乡镇碱化危害相对较轻，更进一步说明了近年来实施的农艺改良措施取得了一定的成效。

表 2-7　兴庆区耕地盐渍化调查结果表

采样深度	样点数量	分级	pH				全盐/(g·kg⁻¹)			
			>9	8.7~9	8.5~8.7	<8.5	<1.5	1.5~3	3~6	6~10
0~20 cm	40	平均数	0	8.79	8.6	8.32	0	2.65	4.48	0
		样点数	0	5	9	26	0	21	19	0
		占比	0.00%	12.50%	22.50%	65.00%	0.00%	52.50%	47.50%	0.00%

（四）大武口

大武口区盐渍化耕地监测点分布于 500 亩盐碱地农艺改良核心示范区，共有 11 个样点，调查结果如表 2-8 所示。

全盐调查结果表明，大武口区盐碱地改良核心示范区全盐含量较高，0~20 cm 和 20~50 cm 土壤全盐平均值为 8.49 g/kg 和 9.62 g/kg，均达到重度盐渍化标准；20~50 cm 土壤全盐平均含量略高于 0~20 cm 土壤全盐平均含量。从 0~20 cm 土壤全盐分级标准来看，仅有 1 个样点为轻度盐渍化，全盐含量为

2.92 g/kg，占调查样点总数的 9.1%；有 2 个样点为中度盐渍化，占调查样点总数的 18.2%；其余 8 个样点均为重度盐渍化，平均值为 10.41 g/kg，占调查样点总数的 72.7%。造成大武口区盐碱地改良核心示范区盐渍化程度重的主要原因是该地区以前为鱼湖，2017 年改造成水稻田，因此要加强农艺改良措施的实施，减轻盐渍化程度。

pH 调查结果表明，0~20 cm 和 20~50 cm 土壤平均值均为 8.5，从数据偏度来看，均为正偏态，说明多数样点 pH 小于 8.5。0~20 cm 土壤 pH 分级结果表明，pH 为 8.7~9.0 的样点数为 1 个，占调查样点总数的 9.1%；pH 为 8.5~8.7 的样点数为 3 个，占调查样点总数的 27.3%；pH 小于 8.5 的样点数有 7 个，占调查样点总数的 63.6%。说明大武口区盐渍化耕地区域耕地碱化危害较轻，而重度盐渍化耕地比例较大，盐渍化危害较大。

表 2-8　大武口区耕地全盐、pH 调查结果

	全盐/(g·kg⁻¹)		pH	
耕层	0~20 cm	20~50 cm	0~20 cm	20~50 cm
均值	8.49	9.62	8.50	8.50
极小值	2.92	3.60	8.30	8.26
极大值	12.30	17.50	8.97	8.97
偏度	−0.51	0.16	1.34	0.88

三、不同区域盐渍化耕地盐分组成

盐碱地中的可溶性盐类，在溶液中常是以离子形式存在，盐碱地的危害性主要表现为某些盐分离子含量过多，影响了作物对养分吸收与转化。因此，调查盐碱地可溶性盐离子含量及之间的相互关系，可为不同类型盐碱地的改良利用提供科学依据。

（一）贺兰县

贺兰县盐渍化耕地土壤可溶性盐分组成调查结果如表 2-9 所示。可以看

出, 51 个调查样点 0~20 cm 耕层土壤阳离子交换量（CEC）相对较低，阳离子交换量平均为 7.29 cmol/ kg，不同区域阳离子交换量差异较大，介于 1.93~10.82 cmol/kg；20~50 cm 土壤阳离子交换量略高于 0~20 cm 土壤。阳离子交换量是评价土壤保水保肥能力、缓冲能力及土壤施肥对作物敏感程度的重要指标，是土壤物理、化学性质的综合体现，说明贺兰县盐渍化耕地土壤缓冲能力、保肥能力较弱。

表 2-9　贺兰县土壤盐离子含量统计结果

		CEC	碳酸根	碳酸氢根	硫酸根	氯离子	钙离子	镁离子	钠离子	钾离子
均值	0~20 cm	7.29	0.01	0.30	1.20	0.43	0.21	0.18	0.33	0.03
	20~50 cm	7.45	0.01	0.30	0.81	0.31	0.17	0.13	0.23	0.03
极大值	0~20 cm	10.82	0.15	0.53	4.27	2.72	0.67	0.82	1.91	0.12
	20~50 cm	13.19	0.05	0.64	2.06	1.02	0.55	0.42	0.90	0.11
极小值	0~20 cm	1.93	0.00	0.16	0.18	0.14	0.05	0.02	0.03	0.01
	20~50 cm	1.90	0.00	0.13	0.16	0.11	0.02	0.03	0.00	0.00
偏度	0~20 cm	−0.36	5.16	1.04	1.54	3.40	1.67	2.33	2.46	2.80
	20~50 cm	−0.19	2.59	1.46	0.89	1.97	1.61	1.51	1.13	2.43

从各离子含量来看，0~20 cm 土壤中硫酸根离子含量最高，为 1.20 g/kg，占八大离子总量的 44.6%；氯离子和钠离子含量次之，含量分别是 0.43 g/kg 和 0.33 g/kg。20~50 cm 土壤中同样是硫酸根离子含量最高，占总量的 40.7%，与 0~20 cm 土壤不同的是碳酸氢根离子含量比重增大。

从 0~20 cm 土壤各离子与全盐的相关性分析来看（表 2-10），硫酸根离子与全盐的相关系数最高，其余依次是氯离子、钠离子和镁离子，表明土壤盐分含量大小与这四种离子含量水平密切相关，这一结果与各离子含量所占的比例相一致。硫酸根离子占 8 种离子总量的 44.6%，土壤中硫酸盐浓度过高会限制钙离子的活性，影响作物对钙离子的吸收。硫酸根离子大多来源于肥

表 2-10　贺兰县 0~20 cm 各离子组分间相关性分析

	全盐	pH	碱化度	CEC	碳酸根	碳酸氢根	硫酸根	氯离子	钙离子	镁离子	钠离子	钾离子
全盐	1	0.363**	0.456**	0.418**	0.436**	0.029	0.910**	0.819**	0.269	0.798**	0.860**	0.363**
pH	0.363**	1	0.551**	0.033	0.668**	0.058	0.225	0.355*	-0.288*	0.191	0.545**	0.084
碱化度	0.456**	0.551**	1	0.160	0.935**	0.356*	0.312*	0.458**	-0.239	0.078	0.712**	-0.032
CEC	0.418**	0.033	0.160	1	0.104	0.422**	0.402**	0.325*	0.143	0.400**	0.360**	0.165
碳酸根	0.436**	0.668**	0.935**	0.104	1	0.332*	0.284*	0.481**	-0.289*	0.069	0.713**	-0.076
碳酸氢根	0.029	0.058	0.356*	0.422**	0.332*	1	-0.023	-0.030	-0.224	-0.114	0.117	-0.016
硫酸根	0.910**	0.225	0.312*	0.402**	0.284*	-0.023	1	0.588**	0.432**	0.877**	0.662**	0.426**
氯离子	0.819**	0.355*	0.458**	0.325*	0.481**	-0.030	0.588**	1	-0.022	0.525**	0.902**	0.169
钙离子	0.269	-0.288*	-0.239	0.143	-0.289*	-0.224	0.432**	-0.022	1	0.404**	-0.036	0.334*
镁离子	0.798**	0.191	0.078	0.400**	0.069	-0.114	0.877**	0.525**	0.404**	1	0.525**	0.431**
钠离子	0.860**	0.545**	0.712**	0.360**	0.713**	0.117	0.662**	0.902**	-0.036	0.525**	1	0.088
钾离子	0.363**	0.084	-0.032	0.165	-0.076	-0.016	0.426**	0.169	0.334*	0.431**	0.088	1

注：** 在 0.01 水平上显著相关。
* 在 0.05 水平上显著相关。

料，表明该区域土壤盐渍化与化肥使用密切相关。

从各离子间的相关性分析来看，钠离子和氯离子相关系数 r=0.902、镁离子与硫酸根离子相关系数 r=0.877、钠离子与碳酸根离子相关系数 r=0.713、钠离子与硫酸根离子相关系数 r=0.662，说明贺兰县盐渍化耕地主要盐表现为氯化钠以及硫酸镁、碳酸钠和硫酸钠。

（二）平罗县

从表 2-11 可以看出，除了阳离子交换量以外，其他所有离子的偏度值均为正偏态，说明多数土壤离子含量更多为较小的值。平罗耕地阳离子交换量偏低，平均值仅为 7.42 cmol/kg，最大值也只有 13.0 cmol/kg，说明 0~10 cm土壤缓冲能力较差。

表 2-11　平罗县土壤盐离子统计分析

	CEC	碳酸根	碳酸氢根	硫酸根	氯离子	钙离子	镁离子	钠离子	钾离子
均值	7.42	0.01	0.31	2.68	1.79	0.73	0.65	1.60	0.06
极小值	2.56	0.00	0.15	0.35	0.10	0.16	0.06	0.12	0.02
极大值	13.00	0.10	0.71	6.33	7.37	3.03	10.10	6.89	0.20
偏度	−0.06	3.87	1.21	0.66	1.42	2.06	6.13	1.41	1.99

从各离子平均含量来看，硫酸根离子含量最高，为 2.68 g/kg，氯离子和钠离子次之，分别为 1.79 g/kg 和 1.60 g/kg，碳酸根和钾离子含量最低。通过分析全盐与各离子的相关性（表 2-12）可以看出，全盐与钠离子相关系数 r=0.829 2，为极强相关；全盐与氯离子相关系数 r=0.746，为强相关；钠离子和氯离子之间呈现强相关，其他离子间相关性不强。说明影响平罗县 0~10 cm耕地土壤全盐的主要离子是钠离子和氯离子，土壤中盐主要为氯化钠。

（三）兴庆区

从各离子平均含量来看（表 2-13），兴庆区盐渍化耕地集中的乡镇 0~20 cm 土壤中各硫酸根离子含量最高，为 0.71 g/kg，占八大离子总量的

表 2-12 各成分之间的相关性分析

	全盐	pH	CEC	碳酸根	碳酸氢根	硫酸根	氯离子	钙离子	镁离子	钠离子	钾离子
全盐	1	0.151	-0.019	0.068	-0.339*	0.445**	0.746**	0.366**	0.467**	0.829**	0.528**
pH	0.151	1	-0.319*	0.455**	0.194	-0.197	0.187	-0.499**	0.063	0.350*	0.070
CEC	-0.019	-0.319*	1	-0.246	0.185	-0.094	0.159	0.003	-0.265	0.025	0.038
碳酸根	0.068	0.455**	-0.246	1	0.567**	-0.047	0.026	-0.279	-0.123	0.401**	0.181
碳酸氢根	-0.339*	0.194	0.185	0.567**	1	-0.419**	-0.357*	-0.182	-0.130	-0.118	-0.012
硫酸根	0.445**	-0.197	-0.094	-0.047	-0.419**	1	0.234	0.372**	0.070	0.240	0.202
氯离子	0.746**	0.187	0.159	0.026	-0.357*	0.234	1	0.082	0.107	0.769**	0.360*
钙离子	0.366**	-0.499**	0.003	-0.279	-0.182	0.372**	0.082	1	0.045	0.140	0.322*
镁离子	0.467**	0.063	-0.265	-0.123	-0.130	0.070	0.107	0.045	1	0.152	0.100
钠离子	0.829**	0.350*	0.025	0.401**	-0.118	0.240	0.769**	0.140	0.152	1	0.594**
钾离子	0.528**	0.070	0.038	0.181	-0.012	0.202	0.360*	0.322*	0.100	0.594**	1

注：** 在 0.01 水平上显著相关。

* 在 0.05 水平上显著相关。

36.6%，其次是碳酸氢根离子、氯离子、钙离子和钠离子。20~50 cm 土壤中含量最高的离子还是硫酸根离子，为 0.51 g/kg，占八大离子总量的 34.8%；与 0~20 cm 土壤相比，碳酸氢根离子含量比重有所增加，从 19.3%增加到了 26.7%。

表 2-13　兴庆区土壤各离子含量表

		碳酸根	碳酸氢根	硫酸根	氯离子	钙离子	镁离子	钠离子	钾离子
均值	0~20 cm	0.00	0.38	0.71	0.25	0.24	0.12	0.20	0.03
	20~50 cm	0.01	0.40	0.51	0.19	0.13	0.09	0.12	0.03
极大值	0~20 cm	0.14	0.99	3.52	1.20	1.63	0.32	1.21	0.12
	20~50 cm	0.06	0.88	1.56	0.32	0.43	0.20	0.40	0.07
极小值	0~20 cm	0.00	0.22	0.02	0.07	0.05	0.02	0.04	0.01
	20~50 cm	0.00	0.26	0.19	0.07	0.06	0.03	0.03	0.02
偏度	0~20 cm	6.16	3.30	2.46	3.15	3.54	1.41	3.22	2.35
	20~50 cm	2.68	2.09	2.29	0.26	2.41	0.67	1.49	1.58

从 0~20 cm 土壤各离子与全盐的相关性分析（表 2-14）来看，各离子与全盐均不存在显著的强相关，说明兴庆区盐渍化耕地土壤全盐没有受控离子，离子浓度较为平衡，盐渍化问题较轻。从离子间的相关性来看，氯离子与钠离子间相关系数 $r=0.943$，硫酸根离子和钙离子相关系数 $r=0.888$，说明该地区盐的主要类型为氯化钠和硫酸钙，而硫酸钙可能来源于脱硫石膏。

表 2-14　兴庆区 0~20 cm 土壤各成分之间的相关性分析

	全盐	pH	碳酸根	碳酸氢根	硫酸根	氯离子	钙离子	镁离子	钠离子	钾离子
全盐	1.00	0.09	0.11	-0.04	0.24	0.27	0.07	0.419**	0.349*	0.12
pH	0.09	1.00	0.18	0.345*	-0.384*	-0.368*	-0.402*	-0.14	-0.331*	-0.11
碳酸根	0.11	0.18	1.00	0.792**	-0.05	0.03	-0.03	0.21	0.10	0.665**
碳酸氢根	-0.04	0.345*	0.792**	1.00	-0.367*	-0.23	-0.321*	-0.06	-0.18	0.386*
硫酸根	0.24	-0.384*	-0.05	-0.367*	1.00	0.616**	0.888**	0.665**	0.680**	0.429**
氯离子	0.27	-0.368*	0.03	-0.23	0.616**	1.00	0.724**	0.679**	0.943**	0.20

续表

	全盐	pH	碳酸根	碳酸氢根	硫酸根	氯离子	钙离子	镁离子	钠离子	钾离子
钙离子	0.07	−0.402*	−0.03	−0.321*	0.888**	0.724**	1.00	0.609**	0.760**	0.403**
镁离子	0.419**	−0.14	0.21	−0.06	0.665**	0.679**	0.609**	1.00	0.784**	0.410**
钠离子	0.349*	−0.331*	0.10	−0.18	0.680**	0.943**	0.760**	0.784**	1.00	0.362*
钾离子	0.12	−0.11	0.665**	0.386*	0.429**	0.20	0.403**	0.410**	0.362*	1.00

注：** 在 0.01 水平上显著相关。

　　* 在 0.05 水平上显著相关。

（四）大武口区

大武口区盐渍化耕地区域土壤可溶性盐离子含量测试结果如表 2-15 所示。结果表明，大武口区盐渍化耕地区域 0~20 cm 土壤 CEC 平均值为 8.36 cmol/kg，不同区域阳离子交换量差异不大，介于 6.00~10.80 cmol/kg；20~50 cm 土壤CEC 值与 0~20 cm 土壤相比差异不大，平均值为 8.50 cmol/kg。从各离子含量来看，硫酸根离子含量最高，为 3.19 g/kg，占 8 种离子总量的 39.3%；钠离子含量次之，为 2.47 g/kg，占 8 种离子总量的 30.4%。说明硫酸根离子和钠离子是该区域引起盐害的主要离子。

表 2-15　大武口区土壤盐离子含量统计结果

		CEC	碳酸根	碳酸氢根	硫酸根	氯离子	钙离子	镁离子	钠离子	钾离子
均值	0~20 cm	8.36	0.00	0.26	3.19	0.82	1.05	0.27	2.47	0.05
	20~50 cm	8.50	0.01	0.27	3.36	0.86	1.10	0.26	3.09	0.04
极大值	0~20 cm	10.80	0.02	0.41	4.94	1.71	2.40	0.58	5.07	0.06
	20~50 cm	10.30	0.06	0.52	4.56	1.91	2.61	0.71	9.28	0.07
极小值	0~20 cm	6.00	0.00	0.17	1.35	0.15	0.26	0.06	0.26	0.02
	20~50 cm	6.90	0.00	0.15	1.69	0.07	0.34	0.06	0.19	0.03
偏度	0~20 cm	0.39	3.32	0.87	−0.10	0.03	0.62	0.68	−0.01	−0.78
	20~50 cm	0.19	2.85	1.26	−0.66	0.19	0.88	1.16	0.86	0.88

0~20 cm 土壤全盐与八大离子之间的相关性分析结果表明（表 2-16），氯离子和钠离子与全盐达到极强的相关性，硫酸根离子、钙离子与全盐含量为强相关，说明大武口区盐渍化耕地土壤全盐主要受到氯离子、钠离子浓度的影响，其次受到硫酸根离子和钙离子浓度的影响。从盐离子之间的相关性分析结果来看，钠离子和氯离子之间的相关性最高，相关系数 r=0.959，说明该区域盐主要以氯化钠形式存在，还有部分盐以硫酸钙和硫酸镁的形式存在。

表 2-16　大武口区 0~20 cm 土壤各成分之间的相关性分析

	全盐	pH	CEC	碳酸根	碳酸氢根	硫酸根	氯离子	钙离子	镁离子	钠离子	钾离子
全盐	1.00	−0.17	0.789**	0.33	−0.59	0.749**	0.896**	0.635*	0.53	0.885**	0.50
pH	−0.17	1.00	−0.34	0.752**	0.615*	−0.49	0.17	−0.623*	−0.43	0.03	−0.40
CEC	0.789**	−0.34	1.00	0.03	−0.44	0.631*	0.638*	0.45	0.45	0.718*	0.51
碳酸根	0.33	0.752**	0.03	1.00	−0.02	0.07	0.49	−0.24	0.05	0.31	−0.17
碳酸氢根	−0.59	0.615*	−0.44	−0.02	1.00	−0.721*	−0.31	−0.708*	−0.743**	−0.31	−0.45
硫酸根	0.749**	−0.49	0.631*	0.07	−0.721*	1.00	0.40	0.703*	0.732*	0.39	0.37
氯离子	0.896**	0.17	0.638*	0.49	−0.31	0.40	1.00	0.36	0.23	0.959**	0.40
钙离子	0.635*	−0.623*	0.45	−0.24	−0.708*	0.703*	0.36	1.00	0.815**	0.37	0.58
镁离子	0.53	−0.43	0.45	0.05	−0.743**	0.732*	0.23	0.815**	1.00	0.16	0.54
钠离子	0.885**	0.03	0.718*	0.31	−0.31	0.39	0.959**	0.37	0.16	1.00	0.45
钾离子	0.50	−0.40	0.51	−0.17	−0.45	0.37	0.40	0.58	0.54	0.45	1.00

注：** 在 0.01 水平上显著相关。
　　* 在 0.05 水平上显著相关。

四、结论

对已经完成水盐动态调查的兴庆区、贺兰县、大武口区等的调查数据进行分析。总体来看，银北灌区不同区域的耕地碱化危害显著减轻，各县区 0~20 cm 土壤 pH 平均值均小于 8.5，所有调查样点中仅有贺兰县的 1 个点 pH 大于8.9；银北灌区盐渍化程度及各种盐离子浓度具有不同的特征。

从各县区盐渍化地带性分布看，盐渍化程度表现为灌区上游轻下游重。位于灌区上游的兴庆区盐渍化程度最轻且没有重度盐渍化，中度盐渍化占47.5%，轻度盐渍化占52.5%；贺兰县重度盐渍化比重较兴庆区加大，占9.9%，中度盐渍化占23.9%，轻度盐渍化占52.9%；灌区下游的大武口区由于监测点初始为鱼塘，因此盐渍化程度较重，重度盐渍化占72.8%，中度盐渍化占18.2%，仅有9.1%为轻度盐渍化。

从各种离子含量来看，所有县区土壤中硫酸根离子含量均是最高的；除硫酸根离子外，贺兰县和平罗县氯离子含量较高，兴庆区碳酸氢根离子含量较高，大武口区钠离子含量较高。从各离子与全盐相关性分析来看，银北灌区土壤全盐主要受到硫酸根离子、氯离子和钠离子含量的影响，且盐主要以氯化钠、硫酸钙和硫酸镁的形式存在。

耕地地下水位高低与土壤盐渍化有着密切的关系，理论上地下水水位越低，土壤盐渍化程度越轻，土壤全盐含量越低；地下水水位越高，蒸发量越大，土壤全盐含量越高。从地下水埋深动态变化来看，由于受到灌溉的影响，4—8月份地下水位不断升高，8月下旬至11月初，地下水位不断降低，11月由于受到冬灌的影响地下水位又出现下降趋势。

第二节　盐碱地盐渍化特征分析

土壤盐渍化问题是土壤退化的一个重要类型，也是生态环境的一种恶化现象，是一个世界性的难题。据统计，全球约有7%的土地受到盐渍化威胁，而且这一数字还在继续上升[1]。特别是进入21世纪后，土壤盐碱化问题已经严重影响了农业生产和生态环境的可持续发展[2]。我国是受土壤盐渍化危害最为严重的国家，全国盐碱地总面积为$3.60×10^7\ hm^2$[3]，尤其是西北地区的宁夏、甘肃、新疆等省区都不同程度受到盐渍化危害 [4]。

地处黄河上游下段的宁夏平原已有 2 000 多年的引黄灌溉历史 [5]，由于特殊的气候和土壤条件，灌区内存在大面积的盐渍化土壤，据统计该区次生盐渍化面积达 $2.4×10^6$ hm²，约占现有耕地面积的 48.9% [6]。宁夏灌区盐渍化耕地主要集中在银川以北的地区，主要包括银川市兴庆区、贺兰县、大武口区、平罗县、惠农区和农垦集团公司所属的南梁农场、前进农场、贺兰山农场、暖泉农场和简泉农场，该区域耕地总面积 223.8 万亩，盐渍化耕地面积占到60%以上，严重制约了当地农业生产可持续发展。

目前，针对宁夏盐碱地研究较多，并取得了一定的成效，但多集中于盐碱地改良及开发利用方面研究 [7-11]。如：孙兆军等研究了施用脱硫废弃物改良宁夏银北地区不同类型盐碱地种植沙枣的效果，倪细炉等对 4 种耐盐植物抗盐性进行了综合评价，曹琪琪等研究了宁夏引黄灌区次生盐碱地不同水盐条件下不同基径紫穗槐的液流变化、耗水规律以及环境因子对液流的影响，水燕等对石嘴山细菌多样性及其与土壤深度间的线性关系进行了研究，李凤霞等研究了秸秆、有机肥、烟气脱硫废弃物、盐碱地改良剂对银川平原盐碱地进行改良后土壤理化性质及土壤酶活性的变化。对银北盐碱地盐离子特征及离子间的相关性研究较少，仅樊丽琴对平罗县西大滩和石嘴山市惠农区礼和乡星火村盐碱地土壤盐分特征及相关性开展了研究 [12]，但对银川以北引黄灌区盐碱地盐离子特征及离子间的相关性方面的研究未见报道。因此，本次研究对银北灌区盐渍化土壤盐离子特征及离子间的关系开展了调查研究，旨在摸清银北灌区盐渍化特征，为盐碱地治理提供理论依据。

一、材料与方法

（一）土壤样品采集

土壤样品采集日期为 2018 年 4 月 15—25 日，分别在兴庆区通贵乡、月牙湖乡，贺兰县立岗镇、金贵镇、常信乡、洪广镇，惠农区燕子墩乡、红果子镇、庙台乡、礼和乡、尾闸镇，选取具有典型代表性的轻度盐化土壤、中度盐化土壤、重度盐化土壤、共计采集样点 185 个。为保证土壤样品具有代表性，采样点选择 667 m² 以上地块，采用 S 型采样，分别采取 0~20 cm 和 20~50 cm 两个深度的土样，混合均匀后用四分法取约 500 g 的土样用自封袋装好带回实验室。

（二）分析方法

土壤 pH 用上海雷磁 pHB-4 型便携式 pH 计测定（水土比 2.5∶1），土壤全盐用电导法（上海雷磁 DDS-307A 型电导率仪，水土比 5∶1）测定。8 种离子的测定分别为：Na^+ 和 K^+ 用火焰光度计法测定，CO_3^{2-}、HCO_3^- 用标准 H_2SO_4 滴定法测定，Ca^{2+}、Mg^{2+}、SO_4^{2-} 用 EDTA 络合滴定法测定，Cl^- 用标准 $AgNO_3$ 滴定法测定 [13]。所有土壤测试化验委托宁夏农业勘察设计院农产品质检中心完成。

（三）数据处理

采用 Excel 2010 建立数据库及绘图，试验数据采用 SPSS 19.0 软件进行数据处理及统计分析。

二、结果分析

（一）盐离子含量分析

根据土壤盐离子分析结果（表 2-17），土壤中主要盐离子为 CO_3^{2-}、HCO_3^-、SO_4^{2-}、Cl^-、Ca^{2+}、Mg^{2+}、Na^+ 和 K^+，随着土层深度变化，盐离子含量和在全盐中所占比例变化明显。0~20 cm 土壤中主要盐离子为 Cl^- 和 Na^+，含量分别占全盐的 28.6% 和 23.7%；20~50 cm 土层中主要离子为 K^+、SO_4^{2-} 和 Cl^-，含量分别占全盐的 29.2%、26.9% 和 17.3%，各离子中 K^+ 含量和占全盐的比例明显高于 0~20 cm 土层，Na^+ 含量和占全盐比例则明显低于 0~20 cm 土

表2-17 土壤盐分统计特征参数

Table 2-17 statistical characteristic parameters of soil salt

深度/cm Depth/cm	参数 Argument	离子组成/(g·kg⁻¹) Salt Ions/(g·kg⁻¹)								pH	全盐/(g·kg⁻¹) TotalSalt/(g·kg⁻¹)
		CO_3^{2-}	HCO_3^-	SO_4^{2-}	Cl^-	Ca^{2+}	Mg^{2+}	Na^+	K^+		
0~20	均值	0.03	0.36	1.27	1.53	0.38	0.29	1.11	0.38	8.47	6.26
	标准偏差 SD	0.07	0.15	1.44	3.48	0.49	0.54	2.78	1.27	0.36	10.47
	极小值	0.00	0.09	0.02	0.04	0.05	0.01	0.01	0	7.43	0.2
	极大值	0.59	1.02	12.4	21.1	2.63	3.91	17.4	12.18	9.4	55.6
	变异系数 CV/%	233.33	41.67	113.39	227.45	128.95	186.21	250.45	334.21	4.25	167.25
20~50	均值	0.06	0.30	0.74	0.48	0.17	0.10	0.09	0.80	8.48	2.74
	标准偏差 SD	0.11	0.13	0.69	0.78	0.13	0.08	0.14	1.34	0.37	3.01
	极小值	0.00	0.10	0.00	0.04	0.04	0.01	0.02	0.02	7.50	0.48
	极大值	0.60	0.67	2.54	3.00	0.64	0.46	0.93	5.15	9.23	11.46
	变异系数 CV/%	181.77	44.36	93.43	165.16	72.86	87.20	155.33	168.07	4.35	109.81

层，说明 Na⁺有明显的表聚现象。土壤中一些离子浓度过高不仅会对作物产生直接的危害，同时也破坏了土壤与植物的养分供需平衡，如当土壤中的 Na⁺含量较高时，Na⁺从土壤胶体中交换出一定量的 Ca^{2+}、Mg^{2+}或 $NH4^+$，使得土壤结构破坏，保水保肥性变差，不利于耕作 [14]；Cl^-浓度过高会对植物根系产生毒害作用，降低根系细胞内酶活性，抑制作物对有效磷的吸收 [15]，而土壤中的 Cl^-大多来源于肥料，因此在生产中应注重施肥种类和平衡施肥 [12]。

变异系数能反映随机变量的离散程度，一般认为 CV≤10%为弱变异性，10%<CV<100%为中等变异性，CV≥100%为强变异性 [16-17]。结果表明，不同土层中 pH 变异系数均小于 10%，为弱变异，表明 pH 空间差异不大。全盐变异系数均大于 100%，为强变异，说明银北耕地土壤含盐量水平分布不均，有较强的空间异质性。0~20 cm 土层中除 HCO_3^-离子为中等变异外，其余 7 种离子全是强变异，而其中以 CO_3^{2-}、Cl^-、Na^+和 K^+变异系数较大；20~50 cm土层中 CO_3^{2-}、Cl^-、Na^+和 K^+为强变异，其余 4 种离子为中等变异。土壤盐渍化受地形地貌、水文气象条件和人类活动等因素的影响空间变异性较大 [18]，银北地区由于地处引黄灌溉中下段或末梢，土壤盐离子容易受到地下水埋深的影响产生较大的空间变异性，而表层土壤由于更容易受到人为活动、气候等的影响，因此盐离子空间变异性更强。

银北地区 0~20 cm 土壤 pH 平均值为 8.47，20~50 cm 土壤 pH 平均值为8.48，属于碱性土壤。一般情况灌溉农业区土壤聚盐和脱盐过程并存，银北地区表层土壤不论全盐含量还是除 K^+和 CO_3^{2-}外的其他 6 种盐离子浓度，0~20 cm 土层中的值远高于 20~50 cm 土层，说明银北地区春季盐分离子主要发生聚盐过程，脱盐过程不明显，这与宁夏银北地区春季风多、降雨量少、蒸发量大有着密切的关系。

（二）盐离子相关性分析

通过对土壤中盐离子之间的相关性分析，可以揭示离子与全盐量之间的关系及离子之间的相互关系，还能在一定程度上反映出盐分在土壤中的运移趋势[19]。采用 Pearson 相关分析法对不同深度土壤中的离子进行相关性分析，分析结果如表 2-18 所示。

0~20 cm 土壤全盐除了与 CO_3^{2-} 和 HCO_3^- 相关性不显著外，与其他 6 种离子存在极显著的正相关性，但该 6 种离子与全盐量的相关关系不强，仅 Cl^- 和 Ca^{2+} 相关系数大于 0.5，说明表层土壤全盐量可能共同受到 SO_4^{2-}、Cl^-、Ca^{2+}、Mg^{2+}、Na^+ 和 K^+ 的影响。各离子间相关性表明，Mg^{2+} 与 Cl^- 和 Na^+ 有很强的相关性，相关系数分别是 0.919、0.904，呈极显著正相关；SO_4^{2-} 与 Ca^{2+} 相关系数为 0.718，呈极显著正相关。初步判断 0~20 cm 土壤中盐渍化主要危害成分是氯化盐。

20~50 cm 土壤全盐量与 CO_3^{2-}、SO_4^{2-}、Cl^-、Ca^{2+}、K^+ 存在极显著正相关，其中全盐量与 K^+、Cl^-、SO_4^{2-} 具有强相关，相关系数分别是 0.976、0.963、0.887，表明深层土壤含盐量与 K^+、Cl^-、SO_4^{2-} 含量水平的高低有关。各离子间相关性表明，K^+ 与 Cl^- 和 SO_4^{2-} 相关系数分别是 0.972、0.842，呈极显著正相关，说明深层土壤主要的盐为氯化盐和硫酸盐。

(三)土壤各指标主成分分析

由于银北地区各盐渍化离子的空间变异程度较大，为了更准确地揭示该地区的离子存在状态，采用主成分分析法，对该区盐渍化的主导因子进行获取[20]。以方差累计贡献率大于 80% 作为依据来确定因子个数[21]，对 8 种离子进行主成分分析，以对土壤盐渍化做出正确的评价。

从 0~20 cm 土壤因子载荷矩阵可以看出（表 2-19），第一主成分与 CO_3^{2-} 和 HCO_3^- 呈负相关，与其他离子均为正相关。各指标系数的大小反映该指标对各主成分的贡献程度，从主成分载荷值来看，与第一主成分密切相关的是 Cl^-、Mg^{2+}、Na^+，载荷值高达 0.9 或者更高，说明这 3 种离子与 0~20 cm 土壤盐渍化密切相关，而这 3 种离子与全盐也有着极显著的相关性，3 种离子之

表 2-18　土壤盐分离子相关关系矩阵

Table 2-18 Correlation matrix between soil salt ions

深度/cm Depth/cm	项目 Project	CO_3^{2-}	HCO_3^-	SO_4^{2-}	Cl^-	Ca^{2+}	Mg^{2+}	Na^+	K^+	pH	Total Salt
0~20	CO_3^{2-}	1									
	HCO_3^-	0.333**	1								
	SO_4^{2-}	-0.037	-0.173*	1							
	Cl^-	-0.04	-0.151*	0.607**	1						
	Ca^{2+}	-0.072	-0.221**	0.718**	0.703**	1					
	Mg^{2+}	-0.008	-0.178*	0.629**	0.904**	0.701**	1				
	Na^+	-0.041	-0.137	0.534**	0.919**	0.699**	0.878**	1			
	K^+	0.180*	-0.038	0.208**	0.187*	0.100	0.109	-0.065	1		
	pH	0.161*	0.093	0.042	0.090	0.026	0.099	0.133	-0.178*	1	
	Total Salt	-0.017	-0.109	0.369**	0.508**	0.522**	0.472**	0.517**	0.202**	0.205**	1
20~50	CO_3^{2-}	1									
	HCO_3^-	0.100	1								
	SO_4^{2-}	0.184	0.119	1							
	Cl^-	0.200	0.121	0.826**	1						
	Ca^{2+}	0.159	-0.052	0.692**	0.473**	1					
	Mg^{2+}	0.802**	0.151	0.201	0.046	0.124	1				
	Na^+	0.857**	0.076	0.192	0.106	0.194	0.821**	1			
	K^+	0.218	0.074	0.842**	0.972**	0.483**	0.084	0.104	1		
	pH	0.462**	0.155	-0.109	0.008	-0.186	0.345**	0.432**	-0.065	1	
	Total Salt	0.312*	0.164	0.887**	0.963**	0.543**	0.204	0.211	0.976**	-0.002	1

注：　"*" 表示在 $P<0.05$ 水平显著相关，　"**" 表示在 $P<0.01$ 水平显著相关。

间也有着极强的相关性，并且分别占可溶性盐离子的 28.6%、5.4%、20.8%，因此可以将 Cl^-、Mg^{2+}、Na^+ 看作是影响土壤盐分的主要离子类型。第二主成分中，CO_3^{2-} 载荷值为 0.788，说明在第一主成分的基础上进一步反映了土壤盐渍化在一定程度上还受到 CO_3^{2-} 的影响。

表 2-19　0~20 cm 土壤主成分因子载荷矩阵

Table 2-19 Load matrix of principal component factor of 0~20 cm soil

因子 Factor	第 1 主成分 First principal component	第 2 主成分 Secondary principal component	第 3 主成分 Third principal component
CO_3^{2-}	−0.064	0.795	0.263
HCO_3^-	−0.248	0.693	−0.007
SO_4^{2-}	0.761	−0.036	0.170
Cl^-	0.931	0.050	0.004
Ca^{2+}	0.858	−0.074	0.035
Mg^{2+}	0.918	0.045	−0.042
Na^+	0.903	0.053	−0.218
K^+	0.168	0.122	0.869
pH	0.124	0.507	−0.574
Total Salt	0.649	0.146	0.020

从 20~50 cm 土壤载荷值矩阵可以看出（表 2-20），第一主成分与 SO_4^{2-}、K^+、Cl^- 密切相关，成分载荷值都为 0.9，3 种离子分别占全部盐基离子的 27.0%、29.2%、17.5%，且这 3 种离子与深层土壤全盐有着极显著的强相关，说明这 3 种离子是影响 20~50 cm 土壤盐分的主要离子类型。第二主成分中 Na^+ 载荷值为 0.817，说明 20~50 cm 土壤盐渍化不仅受到 SO_4^{2-}、K^+、Cl^- 影响，Na^+ 对其有一定程度的影响。

表 2-20　20~50 cm 土壤主成分因子载荷矩阵

Table 2-20 Load matrix of principal component factor of 20~50 cm soil

因子 Factor	第 1 主成分 First principal component	第 2 主成分 Secondary principal component	第 3 主成分 Third principal component
CO_3^{2-}	0.503	0.788	−0.101
HCO_3^-	0.166	0.139	0.824
SO_4^{2-}	0.900	−0.273	−0.048
Cl^-	0.892	−0.319	0.159
Ca^{2+}	0.644	−0.209	−0.409
Mg^{2+}	0.411	0.797	−0.132
Na^+	0.444	0.817	−0.189
K^+	0.902	−0.327	0.088
pH	0.094	0.638	0.359
Total Salt	0.649	0.146	0.020

　　将 9 维空间的样本点降维映射，绘制第 1 主成分和第 2 主成分二维辨别关系图（图 2-3、图 2-4），发现部分离子和变量发生了明显的"聚类"现象：

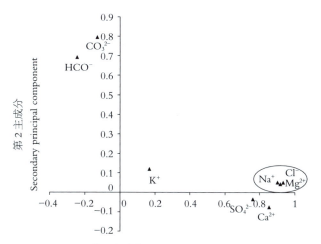

第 1 主成分 First principal component

图 2-3　0~20 cm 第 1 主成分与第 2 主成分二维辨别关系

Fig.2-3 Two-dimensional factors of salt ions in 0~20 cm soil

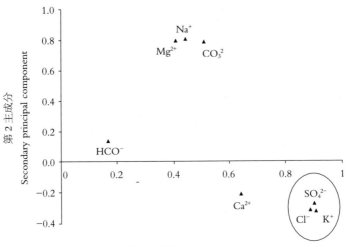

图2-4 20~50 cm第1主成分与第2主成分二维辨别关系

Fig.2-4 Two-dimensional factors of salt ions in 20~50 cm soil

在0~20 cm土壤中，Cl^-、Na^+、Mg^{2+}聚为一簇；在20~50 cm土壤中，SO_4^{2-}、K^+、Cl^-聚为一簇，因此可以进一步印证上述分析。

三、结论

银北地区耕地土壤全盐和盐离子空间变异较强，表层土壤由于更容易受到耕作、气候的影响，变异更强，春季0~20 cm土层中的全盐量远高于20~50 cm土层。0~20 cm土壤中浓度较高的盐离子为Cl^-和Na^+，含量之和占全盐的52.3%，20~50 cm土壤中浓度较高的盐离子为K^+、SO_4^{2-}和Cl^-，含量之和占全盐73.4%；随着土层深度变化盐离子含量和在全盐中所占比例变化明显，随着深度增加，K^+含量和占全盐的比例明显升高，Na^+含量和占全盐比例则明显降低。

土壤全盐量是表征土壤盐化程度的重要指标。0~20 cm土壤中，全盐量与SO_4^{2-}、Cl^-、Ca^{2+}、Mg^{2+}、Na^+和K^+极显著相关，但与各离子间的相关关系都不强；离子间Mg^{2+}与Cl^-和Na^+有很强的相关性，呈极显著正相关。20~

50 cm 土壤全盐量与 K^+、Cl^-、SO_4^{2-}具有极显著强相关，离子间 K^+与Cl^-和SO_4^{2-}呈极显著正相关。

主成分分析表明，$0\sim20$ cm 土壤中，Cl^-、Mg^{2+}、Na^+与第一主成分密切相关，这几个变量与土壤全盐含量高低密切相关，是上层土壤盐渍化的主要特征因子。$20\sim50$ cm 土壤中，SO_4^{2-}、K^+、Cl^-与第一主成分密切相关，这 3 种离子是深层土壤盐渍化的主要特征因子。第 1 主成分和第 2 主成分二维辨别关系图表明，在 $0\sim20$ cm 土壤中，Cl^-、Mg^{2+}、Na^+聚为一簇，在 $20\sim50$ cm 土壤中 SO_4^{2-}、K^+、Cl^-聚为一簇。

综上所述，银北地区春季盐分离子空间差异性强，春季聚盐过程明显。$0\sim20$ cm 土壤中对土壤产生危害的主要离子是 Cl^-、Na^+、Mg^{2+}，盐渍类型是以氯化型盐渍土为主。$20\sim50$ cm 土壤中 K^+、Cl^-、SO_4^{2-}是主要危害离子的盐离子，土壤的盐渍土类型是以氯化型盐渍土和硫酸型盐渍土为主。

参考文献

[1] 李建国，濮励杰，朱明，等.土壤盐渍化研究现状及未来研究热点 [J].地理学报，2012，69（9）：1233-1245.

[2] Petelet-Giraud E，Négrel P，Guerrot C，*et al*. Origins and processes of salinization of a Plio Quaternary Coastal Mediterranean Multilayer Aquifer: The Roussillon Basincase study. Procedia Earth and Planetary Science，2013，7：681-684.

[3] 王佳丽，黄贤金，钟太洋，等.盐碱地可持续利用研究综述 [J].地理学报，2011，66（5）：673-684.

[4] 王遵亲.中国盐渍土 [M].北京:科学出版社，1993.

[5] 宋沙沙，苟宇波，何欣燕，等.改良剂对盐碱土的改良效应及垂柳生长的影响 [J].北京林业大学学报，2017，39（5）：89-97.

[6] 李聪敏，王彦兵.宁夏引黄灌区耕地土壤盐渍化现状及影响因素调查研究[J].地下水，2007，29（3）：41-44.

[7] 倪细炉，岳延峰，田英，等.4种盐生植物抗盐能力的综合评价 [J].中国农学通报，2010，26（6）：138-141.

[8] 曹琪琪，王若水，肖辉杰，等.宁夏引黄灌区次生盐碱地紫穗槐茎干液流分析 [J].应用生态学报，2018，29（7）：2347-2354.

[9] 水燕，徐增洪，刘国锋.不同土壤深度对宁夏石嘴山盐碱地细菌菌群多样性的影响 [J].生态学报，2019，39（10）：3597-3606.

[10] 孙兆军，赵秀海，李茜，等.脱硫废弃物改良盐碱地种植沙枣试验研究 [J].西北林学院学报，2010，25（5）：90-92.

[11] 李凤霞，王学琴，郭永忠，等.不同改良措施对银川平原盐碱地土壤性质及酶活性的影响 [J].水土保持研究，2012，19（6）：13-18.

[12] 樊丽琴，杨建国，许兴，等.宁夏引黄灌区盐碱地土壤盐分特征及相关性[J].中国农学通报，2012，28（35）：221-225.

[13] 鲁如坤，陈怀满，周建民.土壤农业化学分析方法 [M].北京：中国农业科技出版社，2000：85-96.

[14] 余海英，李廷轩，周健民.典型设施栽培土壤盐分变化规律及潜在的环境效应研究 [J].土壤学报，2006，43（4）：571-576.

[15] Anna J. Keutgen，Elke Pawelzik. Impacts of NaCl stress on plant growth and mineral nutrient assimilation in two cultivars of strawberry [J] . *Environmental and Experimental Botany*. 2009，65（2-3）：170-176.

[16] 姚荣江，杨劲松，刘广明，等.黄河三角洲地区典型地块土壤盐分空间变异特征研究 [J].农业工程学报，2006，22（6）：61-66.

[17] 訾园园，郗敏，孔范龙，等.胶州湾滨海湿地土壤有机碳时空分布及储量 [J].应用生态学报，2016，27（7）：2075-2083.

[18] 贾艳红，赵传燕，南忠仁. 黑河下游地下水波动带土壤盐分空间变异特征分析 [J]. 干旱区地理，2008，31 (3)：379-388.

[19] 石迎春，辛民高，郭娇，等. 西北地区黑河中游盐渍化地区土壤盐分特征[J]. 现代地质，2009，23 (1)：28-37.

[20] Glover J D, Reganold J P, Andrews P K. Systematic method for rating soil quality of Conventional organic and integrated apple orchards in Washington State [J]. *Agriculture Ecosystems & Environment*，2000，80 (1-2)：29-45.

[21] 赛佳美，卢玉东，王正川，等. 内蒙古腰坝绿洲的土壤盐渍化特征 [J]. 水土保持通报，2017，37 (5)：152-156.

第三章
农艺改良措施对盐渍化耕地的改良效果

盐碱地农艺综合改良措施是在水利工程的基础上，采取有机肥施用、秸秆还田、合理耕作、测土配方施肥、耐盐碱品种配套等措施对盐渍化耕地进行综合治理。本章内容重点介绍研究团队以银北盐碱地为研究对象，探究秸秆还田、增施有机肥、耕作措施等农艺改良措施对土壤养分、土壤酶活性、土壤物理结构、土壤微生物群落结构、全盐含量及作物产量的影响。研究结果表明，盐碱地增施有机肥，土壤碱解氮、有效磷和速效钾含量得到有效提高，土壤脲酶和碱性磷酸酶活性显著增强，>5 mm 粒径机械稳定性团聚体和水稳性团聚体占比显著提高，土壤物理结构得到有效改善。秸秆还田可增加土壤有机质、全氮含量，显著降低土壤体积质量，改善土壤结构，在控盐、增产方面效果突出；能够改善土壤微生物群落结构，增加优势真菌群落相对丰度，有助于增加土壤碳汇。盐碱地采取垄膜沟播模式能改善土壤环境状况，提高土壤细菌群落均匀度，且作物增产明显。研究结果为盐碱地秸秆还田技术的应用提供参考依据。

第一节　秸秆还田和有机肥对盐碱地改良效果研究

盐碱地被称为"地球之癣"，是荒漠化沙化土地的重要类型之一，同时也是治理难度最大的一类退化土壤。根据联合国教科文组织和世界粮农组织统计，全球盐碱地面积约 $9.54×10^8$ hm²，占全球陆地面积的 10%，这一数字目前还处于上升趋势 [1-2]，全球盐碱地主要集中在欧亚大陆，非洲和北美洲西部干旱、半干旱、半湿润地区 [3]。我国是全球第三大盐碱地分布国家，盐碱地面积约为 $9.91×10^7$ hm²，土壤盐渍化已经成为严重的生态环境问题 [4]。宁夏地处黄河上游下段，耕地不同程度受到盐渍化危害 [5]，据统计全区盐渍化耕地面积达 $17.58×10^4$ hm²，约占现有耕地面积的 13.6%，主要集中在银川以北的引黄灌区，该区域耕地总面积 $14.92×10^4$ hm²，盐渍化耕地面积占到 60% 以上 [6]，大面积盐渍化严重制约着当地农业生产可持续发展 [7]。

近年来，国内外进行了大量关于盐渍化土壤改良方面的研究，结果表明，不同改良措施均能一定程度地改变土壤离子组成，降低盐碱土的 pH 和土壤可溶性 Na^+ 含量，改善土壤结构，增加土壤养分和有机质，促进作物根系对水分和养分的吸收，提高作物产量 [8-12]。目前，针对宁夏盐渍化耕地治理研究主要集中在盐分运移特征和改良方法研究，如：高升以银北灌区为研究对象，开展了盐渍化耕地改良前后盐离子变化特征的研究 [13]；樊丽琴等开展了施用脱硫石膏对宁夏盐化碱土水盐运移特征的影响研究 [14]，还对宁夏平罗县西大滩和惠农区星火村两地的土壤盐分特征开展了调查研究 [15]；李聪敏等对宁夏引黄灌区耕地土壤盐渍化现状及影响因素开展了调查研究 [16]。但对宁夏盐渍化耕地改良利用研究较少，尤其农艺改良措施对盐渍化土壤的生物、化学、物理特征的影响缺乏系统性研究。因此，本次研究系统性开展农艺措施对宁夏银北灌区盐渍化土壤养分、土壤酶活性、土壤团粒结构的影响研究，旨在为充分挖掘盐碱地综合利用潜力，加强现有盐碱耕地改造提升，遏制耕地盐碱化趋势，做好盐碱地特色农业大文章提供技术支撑。

本研究采用施用有机肥、秸秆还田两种改良措施，以单施化肥作为对照。结果表明，采取的有机肥（OM）和秸秆还田（RS）两种措施，土壤碱解氮、有效磷和速效钾含量得到有效提高，土壤脲酶和碱性磷酸酶活性显著增强。OM 处理 >5 mm 粒径机械稳定性团聚体占比提高了 22.3%，0.5~0.25 mm 粒径机械稳定性团聚体占比降低了 3.8%；RS 处理 >5 mm 粒径机械稳定性团聚体占比提高了 19.1%，0.5~0.25 mm、<0.25 mm 粒径机械稳定性团聚体占比分别降低了 3.1%、3.2%；OM 和 RS 处理 >5 mm 粒径水稳性团聚体占比分别提高了 29.0% 和 43.3%，0.5~0.25 mm、<0.25 mm 粒径水稳性团聚体占比分别降低了 23.1% 和 30.1%；OM 和 RS 处理平均重量直径（MWD）分别提高了 105.9% 和 139.7%，团聚体水稳系数（K）分别提高了 136.4% 和 150.5%，团聚体破坏率（PAD）分别降低了 28.2% 和 31.1%，土壤物理结构得到有效改善。

一、材料与方法

（一）试验地概况

研究区域位于宁夏回族自治区引黄灌区北部石嘴山市惠农区庙台乡省悟村五队（39.099 7°，106.756 4°），属于黄河中上游灌溉地区，是我国龟裂碱土集中分布的典型区域，地下水埋深 1~1.5 m，地下水主要含硫酸盐、氯化物等，年平均降水量为 167.5~188.8 mm，年平均气温 8.4~9.9 ℃。土壤类型为灌淤土，质地为壤土，为中度盐渍化耕地。

（二）试验设计

试验于 2018 年 4 月上旬开始，各处理 3 次重复，随机区组排列，小区面积 50 m²，当季种植作物均为玉米，每小区单灌、单排，设埂隔离，周围设保护行。设置以下 3 个处理。

CK：常规施肥（N 213 kg/hm²、P₂O₅ 138 kg/hm²、K₂O 34.5 kg/hm²）；

OM：在常规施肥的基础上增施有机肥 3 000 kg/hm²（有机肥为当地有机肥厂家生产，N-P-K≥6%，有机质≥45%）；

RS：在常规施肥的基础上秸秆还田 3 000 kg/hm²，玉米秸秆粉碎长度 3~

5 cm，深翻 20 cm 还田。

（三）土壤样品采集

于 2019 年 4 月中旬，在各试验样地采用 S 型采样法，采集 0~20 cm 土样，混合均匀后使用四分法取约 500 g 土样装入自封袋带回实验室备用。

（四）分析方法

土壤碱解氮采用碱解扩散法、有效磷采用碳酸氢钠法、速效钾采用火焰光度法测定，具体分析方法参照《土壤农业化学分析方法》[17]。土壤中脲酶活性采用苯酚—次氯酸钠比色法，以 24 h 后土壤中 NH_3-N 的量（mg）表示；碱性磷酸酶活性采用磷酸苯二钠比色法，以 24 h 后土壤中释放出酚的质量（mg）表示[18-20]。土壤机械性团聚体和水稳性团聚体依据萨维诺夫[21] 干筛法和湿筛法进行。

（五）数据处理

使用 Excel 2016 建立数据库并绘图，使用 SPSS19.0 进行数据处理及统计分析。水稳性团聚体稳定性用平均重量直径（MWD）[22]、团聚体破坏率（PAD）[23]、水稳系数（K）[24] 指标进行评价，计算公式为：

（1）$MWD=\sum_{i=1}^{n} X_i W_i$

式中，X_i 为每一级别团聚体的平均直径（mm）；W_i 为每一级别团聚体重量(g)。

（2）$PAD=\dfrac{DR_{0.25}-WR_{0.25}}{DR_{0.25}}\times100\%$

式中，$DR_{0.25}$ 为粒径>0.25 mm 机械稳定性大团聚体含量（%），$WR_{0.25}$ 为水稳性大团聚体含量（%）。

（3）$K=\dfrac{A}{M}\times100$

式中，A 为水稳性团聚体总量（>0.25 mm）（g）；M 为干筛团聚体总量

（>0.25 mm）（g）。

二、结果分析

（一）不同处理对土壤速效养分的影响

速效养分是指当季作物能够直接吸收的养分，其含量的高低能直观反映土壤养分供给能力的强弱，不同改良措施对盐碱地速效养分的影响如表 3-1 所示。总体来看，两种改良措施均能不同程度提高土壤速效养分，OM 处理效果最为明显。与对照相比，OM 处理显著提高了土壤碱解氮、有效磷和速效钾，分别提高了 42.3%、176.6% 和 93.5%。RS 处理与对照相比，土壤碱解氮略微有所降低但差异不显著，土壤有效磷和速效钾显著提高，分别提高了 88.6% 和 67.6%。OM 处理和 RS 处理相比，OM 处理更能有效提高土壤速效养分含量。

表 3-1　不同处理对盐碱地土壤速效养分的影响

处理	碱解氮/(mg·kg⁻¹)	有效磷/(mg·kg⁻¹)	速效钾/(mg·kg⁻¹)
CK	13.41±1.43 b	9.56±2.00 c	100.07±2.92 c
OM	19.08±1.27 a	26.44±5.46 a	193.63±13.58 a
RS	13.17±4.26 b	18.03±1.78 b	167.67±5.91 b

注：小写字母表示不同处理差异达到显著水平（$p<0.05$）。

（二）不同处理对土壤酶活性的影响

脲酶与尿素水解密切相关，其活性大小反映尿素的转化能力及土壤供氮能力，不同改良措施对土壤脲酶活性的影响如图 3-1 所示，与 CK 处理相比，OM 和 RS 两种改良措施能显著提高土壤脲酶活性，分别提高了 61.9% 和 66.7%，两种改良措施间差异不显著。磷酸酶可加速有机磷的脱磷速度，对土壤磷素的有效性具有重要作用，由图 3-1 可以看出，OM 和 RS 两种改良措施同样能显著提高土壤碱性磷酸酶活性，分别提高了 53.0% 和 46.9%，两种改良措施间差异不显著。

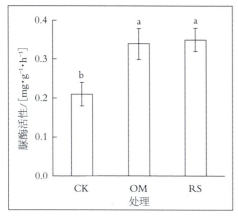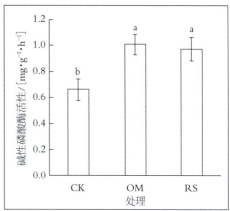

图 3-1　不同处理对盐碱地土壤酶活性的影响

（三）不同处理对土壤团聚体的影响

（1）不同处理对土壤机械稳定性团聚体粒径分布的影响

各处理土壤机械稳定性团聚体粒径分布如图 3-2 所示，各处理机械稳定性团聚体占比最大的粒径是>5 mm 和 5~2 mm，其重量占到了 52.9%~70.2%，

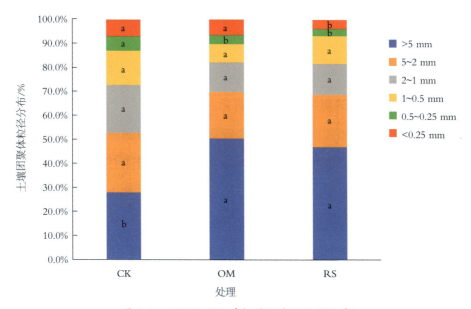

图 3-2　不同处理土壤机械团聚体粒径分布

OM 和 RS 显著提高了大粒径机械稳定性团聚含量。与对照相比，OM 处理显著提高了 >5 mm 粒径机械稳定性团聚体占比，提高了 22.3%；显著降低了 0.5~0.25 mm 粒径机械稳定性团聚体占比，降低了 3.8%；5~2 mm、2~1 mm、1~0.5 mm、0.5~0.25 mm 粒径机械稳定性团聚体占比差异不显著。RS 处理与对照相比，显著提高了 >5 mm 粒径机械稳定性团聚体占比，提高了 19.1%；显著降低了 0.5~0.25 mm、<0.25 mm 粒径机械稳定性团聚体占比，分别降低了 3.1%、3.2%；5~2 mm、2~1 mm、1~0.5 mm 粒径机械稳定性团聚体占比差异不显著。OM 与 RS 处理相比，>0.25 mm 粒径机械稳定性团聚体占比差异不显著，但 RS 处理显著降低了 <0.25 mm 粒径机械稳定性团聚体占比。

（2）不同处理对土壤水稳性团聚体粒径分布的影响

各处理土壤水稳性团聚体粒径分布如图 3-3 所示，不同处理水稳性团聚体粒径分布差异较大，CK 处理占比最大的是 0.5~0.25 mm 粒径水稳性团聚体，占比大小依次是 0.5~0.25 mm、1~0.5 mm、>5 mm、2~1 mm、5~2 mm，占比依次是 49.4%、23.6%、14.4%、8.0%、4.5%；OM 处理占比最大的是 >5 mm

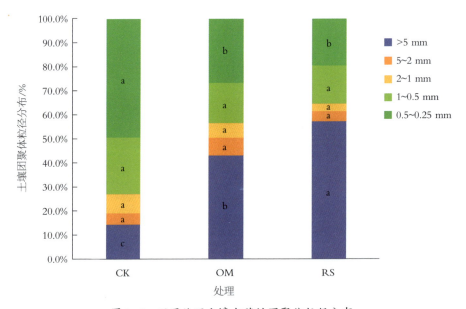

图 3-3　不同处理土壤水稳性团聚体粒径分布

粒径水稳性团聚体，占比大小依次是>5 mm、0.5~0.25 mm、1~0.5 mm、5~2 mm、2~1 mm，占比依次是 43.3%、26.4%、17.0%、7.0%、6.3%；RS 处理占比最大的是>5 mm 粒径水稳性团聚体，占比大小依次是>5 mm、0.5~0.25 mm、1~0.5 mm、5~2 mm、2~1 mm，占比依次是 57.7%、19.3%、16.3%、4.0%、2.7%。与对照相比，OM 和 RS 处理能显著提高>5 mm 粒径水稳性团聚体占比，分别提高了 29.0%和 43.3%；显著降低 0.5~0.25 mm 粒径水稳性团聚体占比，分别降低了 23.1%和 30.1%。

（3）不同处理对土壤团聚体稳定性的影响

不同处理对土壤团聚体稳定性的影响如表 3-2 所示，总体来看，OM 和 RS 处理水稳性大团聚体含量（$WR_{0.25}$）和机械稳定性大团聚体含量（$DR_{0.25}$）明显提高，土壤团聚体质量直径（MWD）、水稳系数（K）显著提高，团聚体破坏率（PAD）显著降低。与 CK 处理相比，OM 和 RS 处理 $DR_{0.25}$ 分别提高了 1.1%和 3.2%、$WR_{0.25}$ 分别提高了 153.3%和 173.3%、MWD 分别提高了 105.9%和 139.7%、K 值分别提高了 136.4%和 150.5%，PAD 分别降低了28.2%和 31.1%，土壤物理结构得到有效改善。

表 3-2　不同处理对盐碱地土壤团聚体稳定性的影响

处理	$DR_{0.25}$ /%	$WR_{0.25}$ /%	MWD/mm	K	PAD/%
CK	0.93±0.01b	0.15±0.01b	1.36±0.08b	17.11±0.55b	82.90±0.55b
OM	0.94±0.01b	0.38±0.02a	2.80±0.36a	40.45±1.55a	59.55±1.54a
RS	0.96±0.01a	0.41±0.05a	3.26±0.61a	42.86±5.59a	57.14±5.60a

三、讨论与结论

土壤速效养分是作物获得高产的保证，大量研究表明 [25-28]，增施有机肥能显著提高土壤速效养分含量，秸秆还田同样能不同程度地改善土壤速效养分含量。本研究表明，增施有机肥能有效提高土壤的速效养分，尤其是对土壤的有效磷和速效钾提高效果较为显著。秸秆还田能有效提高土壤有效磷及速效钾含量，但对提高土壤碱解氮效果不明显，且呈现略微降低的结果，研究表明 [29, 30] 秸秆还田初期，土壤微生物吸收利用了一部分氮用于分解秸秆，一段时间后又被释放出来，再加上秸秆中的氮也逐渐分解释放，因此碱解氮呈现先降低然后升高的趋势。

土壤酶活性是评价土壤生物活性和土壤肥力的重要指标，在盐渍化土壤改良利用过程中，随着土壤理化性状的改善，土壤酶活性势必发生相应的变化 [31]。本研究表明，施用有机肥和秸秆还田两种措施均能显著提高土壤脲酶和碱性磷酸酶活性，这与吴玉红 [32]、李磊 [33] 的研究结果一致。秸秆和有机肥等有机物料施入对土壤表层温度具有显著调节作用 [34]，使酶促反应能够维持在适当的温度下进行，同时有机物料能改善土壤理化性状，从而促进土壤微生物数量增加，进一步提高土壤微生物包括土壤酶在内的分泌物数量[35]。

土壤团粒结构是土壤结构的基本单元，是土壤肥力的物质基础，也是作物高产稳产的土壤条件之一。本研究结果显示，通过有机肥和秸秆还田两种改良措施，土壤中大粒径微团聚体含量增加，小粒径微团聚体含量降低，促进微团聚体向大团聚体转化，这与龚伟 [36]、李虎 [37] 研究结果基本一致，施用有机物料可以提高土壤中有机质的含量，同时使土壤有机胶结物质有所增加，进一步使得土壤中大粒径团聚体含量增加，有效改善土壤团聚体的粒径分布情况。秸秆、有机肥等在土壤中分解转化，增加土壤有机物质，提高了微生物活性和土壤酶活性，加速微团聚体向大团聚体转化，进而提高土壤团聚体稳定性 [38, 39]。本研究结果表明，两种改良措施显著提高了土壤团聚体质量直径（MWD）、水稳系数（K），显著降低了团聚体破坏率（PAD），说明两种改良措施对提高土壤团聚体稳定性，改善土壤结构，增加土壤肥力起到了积极作用。

综上所述，盐碱地改良采取的有机肥和秸秆还田两种措施，均能有效提高土壤速效养分含量，提高土壤脲酶和碱性磷酸酶活性，增加土壤团聚体中大粒径聚体占比，提高团聚体的稳定性，改良土壤结构。

参考文献

[1] 王景立，韩楠楠，冯伟志，等.东北苏打盐碱地整治工程技术与装备研究综述［J］.农业与技术，2018，38（23）：1-4.

[2] 李建国，濮励杰，朱明，等.土壤盐渍化研究现状及未来研究热点［J］.地理学报，2012，69（9）：1233-1245.

[3] 李洪影.生物措施对松嫩平原盐碱退化草地改良效果的研究［D］.东北农业大学，2013.

[4] 王斌，马兴旺，单娜娜，等.新疆盐碱地土壤改良剂的选择与应用［J］.干旱区资源与环境，2014，28（7）：111-115.

[5] 王遵亲.中国盐渍土［M］.北京：科学出版社，1993.

[6] 郭军成，王明国，耿荣，等.宁夏银北地区盐碱地盐渍化特征分析［J］.中国农学通报，2021，37（5）：38-42.

[7] 樊丽琴，杜永霞，杨建国.宁夏银北中低产田土壤障碍性特征研究［J］.河南农业科学，2008，37（7）：61-63.

[8] Xie W, Wu L, Zhang Y, et al. Effects of straw application on coastal saline topsoil salinity and wheat yield trend.Soil&Tillage Research，2017，169：1-6.

[9] 王倩姿，王玉，孙志梅，等.腐植酸类物质的施用对盐碱地的改良效果［J］.应用生态学报，2019，30（4）：1227-1234.

[10] Wu Y P, Li Y F, Zheng C Y, et al. Organic amendment application influence soil organism abundance in saline alkali soil.European Journal of Soil Biology，2013，54：32-40.

[11] 何瑞成，吴景贵，李建明.不同有机物料对原生盐碱地水稳性团聚体特

征的影响 [J] . 水土保持学报, 2017, 31 (3): 310-316.

[12] 张晓东, 李兵, 刘广明, 等. 复合改良物料对滨海盐土的改土降盐效果与综合评价 [J] . 中国生态农业学报 (中英文), 2019, 27 (11): 1744-1754.

[13] 高升. 农艺改良措施对银川北部盐碱地盐渍化特征的影响 [J] . 农业科学研究, 2022, 43 (03): 40-44.

[14] 樊丽琴, 杨建国, 尚红莺, 等. 脱硫石膏施用下宁夏盐化碱土水盐运移特征 [J] . 水土保持学报, 2017, 31 (03): 193-196.

[15] 樊丽琴, 杨建国, 许兴, 等. 宁夏引黄灌区盐碱地土壤盐分特征及相关性 [J] . 中国农学通报, 2012, 28 (35): 221-225.

[16] 李聪敏, 王彦兵. 宁夏引黄灌区耕地土壤盐渍化现状及影响因素调查研究 [J] . 地下水, 2007, 29 (3): 41-44.

[17] 鲁如坤. 土壤农业化学分析方法 [M] . 北京: 中国农业科技出版社, 1999.

[18] 鲍士旦. 土壤农化分析 [M] . 北京: 中国农业出版社, 2000.

[19] 李酉开. 土壤农化分析结果计算式的正确表达 [J] . 土壤通报, 2000, 31 (6): 275-276.

[20] 关松荫. 土壤酶及其研究法 [M] . 北京: 农业出版社, 1986.

[21] Cambardella C A, Elliott E T. Carbon and nitrogen dynamics of soil organic matter fractions from cultivated grassland soils [J] . *Soil Science Society of America Journal*, 1994, 58 (1): 123-130.

[22] 杨宁, 邹冬生, 付美云, 等. 紫色土丘陵坡地恢复中土壤团聚体特征及其与土壤性质的关系 [J] . 生态学杂志, 2016, 35 (9): 2361-2368.

[23] 闫雷, 李思莹, 孟庆峰, 等. 秸秆还田与有机肥对黑土区土壤团聚性的影响 [J] . 东北农业大学学报, 2019, 50 (12): 58-60.

[24] 何瑞成.不同有机物料对原生盐碱地水田改良的研究 [D].吉林农业大学，2018.

[25] 任立军，李金，邹洪涛，等.生物有机肥配施化肥对设施土壤养分含量及团聚体分布的影响.土壤，2023，55（4）：756-763.

[26] 李洪影.生物措施对松嫩平原盐碱退化草地改良效果的研究 [D].东北农业大学，2013.

[27] 王双磊，刘艳慧，宋宪亮，等.棉花秸秆还田对土壤团聚体有机碳及氮磷钾含量的影响 [J].应用生态学报，2016，27（12）：3944-3952.

[28] 王静，肖国举，张峰举，等.秸秆还田配施腐熟剂对银北盐碱地改良效果研究 [J].干旱地区农业研究，2017，35（6）：209-283.

[29] 郭军成，王明国，周洋，等.持续秸秆还田对土壤理化性状及玉米产量的影响 [J].农业科学研究，2020，41（1）：1-6.

[30] 孙聪姝，王兆荣，金明花，等.长期培肥定位试验耗竭阶段各培肥物质对土壤氮库持续效应的研究 [J].东北农业大学学报，1998，29（3）：209-218.

[31] 张体彬，展小云，冯浩，等.盐碱地土壤酶活性研究进展和展望 [J].土壤通报，2017，48（2）：495-500.

[32] 吴玉红，郝兴顺，田霄鸿，等.秸秆还田与化肥减量配施对稻茬麦土壤养分、酶活性及产量影响 [J].西南农业学报，2018，31（5）：127-134.

[33] 李磊，樊丽琴，吴霞，等.秸秆还田对盐碱地土壤物理性质、酶活性及油葵产量的影响 [J].西北农业学报，2019，28（12）：1997-2004.

[34] 杨滨娟，黄国勤，钱海燕.秸秆还田配施化肥对土壤温度、根际微生物及酶活性的影响 [J].土壤学报，2014，51（1）：150-157.

[35] 何瑞成，吴景贵.有机物料对原生盐碱地土壤生物学性质的影响 [J].土壤学报，2018，55（03）：774-782.

[36] 龚伟，颜晓元，蔡祖聪，等.长期施肥对小麦-玉米轮作土壤微团聚体组成和分形特征的影响 [J].土壤学报，2011，48（6）：1141-1148.

[37] 李虎，吴景贵.添加畜禽粪对秸秆田间条带堆腐土壤团聚体特征及有机碳的影响 [J].吉林农业大学学报，2023，45（01）：61-68.

[38] 陈晓东，吴景贵，范围，等.有机物料对原生盐碱土微团聚体特征及稳定性的影响 [J].水土保持学报，2020，34（02）：201-207.

[39] 高宏哲，吴景贵，李建明，等.不同有机培肥措施对盐碱土水稳性团聚体组成及特征的影响 [J/OL].吉林农业大学学报，https://link.cnki.net/urlid/22.1100.S.20230815.0855.002

第二节　秸秆还田对盐碱地土壤物理性质、酶活性及油葵产量的影响

秸秆还田在一定程度上可缓解盐碱地土壤僵硬、板结，降低土壤体积质量，且秸秆还田年限越长，体积质量越低，土壤结构愈加稳定 [1-3]。秸秆还田也可降低微团聚体含量，增加土壤通气孔隙度 [4-8]。研究发现在秸秆还田技术下采用微咸水灌溉，不仅能有效改善土壤结构，而且可减少土壤盐分表聚 [9]。秸秆还田技术还可提升表层土壤酶活性，但对下层无显著影响 [10-12]。

关于秸秆还田方式、还田量及产生的效应诸多学者已进行较多研究 [13-16]。但在宁夏银川北部盐碱地进行秸秆还田对土壤物理性质、酶活性的研究不够系统。因此，本研究在总结前人研究的基础上，以具有耐瘠薄、抗干旱、抗盐碱油葵为试验材料。在银北盐碱地开展秸秆还田技术，采用秋季翻耕方式，建立还田 1 a、2 a 与未还田试验，旨在明确秸秆还田对土壤物理性质、酶活性以及油葵产量的影响，为盐碱地土壤构建良好的团粒结构提供理论依据。

针对宁夏银北盐碱地区存在的土壤板结、通气性差、结构不良等问题，建立长期秸秆还田试验，研究其对土壤特性及油葵产量的影响。结果表明：秸秆还田可显著降低土壤体积质量，还田 2 a 可降低体积质量 6.04%~6.49%，使得 0~10 cm、10~20 cm、20~30 cm 土层水稳性团聚体含量分别较对照增加 15.03%、10.34%、8.84%，且 0~10 cm 土壤紧实度相比 CK 处理降低 23.24%。此外，秸秆还田能有效提升土壤脲酶与碱性磷酸酶的活性，尤其 0~10 cm 土层处还田 2 a 较还田 1 a 与未还田分别增加 93.79%、59.18%，还田对土壤 pH 无显著影响，但在控盐、增产方面效果突出，尤其还田 2 a 处理下耕层含盐量降低 25%，增产率为 20.60%。产量与各指标相关性发现：土壤水稳性团聚体、容重、酶活性与油葵产量达到显著正相关，此研究结果为盐碱地秸秆还田技术的应用提供参考依据。

一、材料与方法

（一）试验区概况及供试材料

试验于 2017 年 4 月—2018 年 10 月在宁夏银川北部引黄灌区黄渠桥镇金茂源家庭农场，该地区属中温带干旱区，地势平坦，光照资源充足，昼夜温差大，年均气温 8.8 ℃左右。年均降水量在 200 mm 左右，蒸发量较强，为年均降水量 10 倍左右。耕层土壤 pH 为 8.78 左右，碱化度 20.20%，全盐 3.20 g/kg，有机质质量分数 12.98 g/kg，处于偏低水平，速效氮质量分数 50.20 mg/kg，有效磷质量分数 13.65 mg/kg，速效钾质量分数 175.91 mg/kg。

供试作物为油葵，属于菊科向日葵属，试验以同辉 562 为供试作物。油葵作为世界四大油料作物之一，具有耐瘠薄、抗干旱、抗盐碱，是盐碱地的先锋作物。

（二）试验设计

试验设置 3 个处理，分别为未还田（CK）、还田 1 a（T_1）和还田 2 a

（T₂）。还田 1 a（T₁）：还田量为 6 000 kg/ha（前人田间试验认为 6 000 kg/ha 为最佳还田量，有利于秸秆腐解与矿化 [13-14]）；还田 2 a（T₂）：还田总量为 12 000 kg/ha，分 2 a 均施。前茬玉米收获后将地上部分自然风干，收割回收后用粉碎机揉搓粉碎，粉碎长度≤5 cm，还田处理配施秸秆腐熟剂（有效活菌数≥0.5 亿/g）30 kg/ha，尿素 75 kg/ha，还田方式采用翻耕，深翻 25 cm，还田措施均在秋季实施。施肥按照该地区常规施肥，每年种植前底肥施尿素（N46%）量为 450 kg/ha，过磷酸钙（P_2O_5≥12%）施用量为 900 kg/ha，硫酸钾（K_2O 50%）施用量为 75 kg/ha，油葵种植方式采用宽窄行（70 cm×50 cm），小区长 10 m，宽 5 m，田间试验采用随机区组设计方法，重复3次，灌溉方式为黄河水漫灌。

（三）测定项目及方法

土壤物理指标：收获后（9 月 10 日）采集土壤样品并测定相关指标。紧实度采用 LJSD-2 土壤硬度仪测定；团聚体的测定根据 Elliott（1986）报道中的方法对土壤团聚体进行物理分组，然后由 Six et al.（1998）描述的方法对分组的团聚体进行下一步的分散 [15-16]；环刀法测定土壤容重 [17]。

土壤化学指标：分别在种植前（5 月 15 日）、苗期（6 月 15 日）、现蕾期（7 月 15 日）、收获期采集（9 月 15 日）土壤样品，土壤酶活性样品需要装入无菌密封袋，后置于保温箱带回实验室。土壤 pH 用 pH 计测定（水土比例 2.5：1）；DDS-11 电导率仪测定电导率；土壤中脲酶活性采用苯酚-次氯酸钠比色法，以 24 h 后土壤中 NH_3-N 的质量（mg）表示；碱性磷酸酶活性采用磷酸苯二钠比色法，以 24 h 后土壤中释放出酚的质量（mg）表示 [17-19]。

产量：收获期（9 月 5 日）进行各小区单收单计，实收实测。

（四）数据处理

试验数据以 Excel 2003 软件整理数据和作图，用 SPASS 17.0 统计分析软件对数据进行方差分析，显著性水平为（$p<0.05$，n=5），用 LSD 法进行多重比较。

二、结果分析

(一)秸秆还田对土壤物理性质的影响

(1)土壤容重

容重的大小直接影响作物根系在土壤中的伸长。由图 3-4 可得，容重随着土壤深度增加逐渐增加，CK 处理最为明显，10~20 cm 与 20~30 cm 相比 0~10 cm 分别增加 0.67%、4.05%，T_1 处理下 10~20 cm 较 0~10 cm 处容重略有降低，20~30 cm 相比 0~10 cm 容重有所增加，T_2 处理下 10~20 cm 与 20~30 cm 相比 0~10 cm 均有增加趋势。秸秆还田在一定程度上可明显降低土壤容重，T_2 处理下 0~10 cm 土层与 CK、T_1 处理同层间差异显著，T_2 处理相比 CK 降低 6.08%，T_1、T_2 处理下 10~20 cm 土壤层次处相比 CK 处理降低 3.35%、6.04%，20~30 cm 处各处理与 10~20 cm 表现相同的趋势，T_1、T_2 处理相比 CK 处理分别显著降低 3.89%、6.49%。由此可见，秸秆还田可降低土壤容重，且还田 2 a 降低容重效果略优越于还田 1 a。

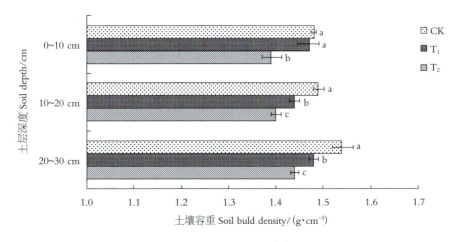

图 3-4 秸秆还田处理对土壤容重的影响

Fig.3-4 ffects of straw returning on soil bulk density

注：同列数据后不同小写字母表示显著性差异达显著水平（$p<0.05$），下同。

Note：Different letters above the columns indicate significant difference among treatments（$p<0.05$），The same below.

（2）土壤水稳性团聚体

由表3-3可得：不同土层在不同处理下各级团聚体均占有不同的比例，且均存在不同程度的差异性。随着土壤深度加深，>0.25 mm 含量逐渐降低，T_2 处理 0~10 cm 处<0.25 mm 含量明显降低，较 CK、T_1 处理分别下降 17.98%、14.09%；同时，T_2 处理明显增加 10~20 cm 处 1~2 mm、0.5~1 mm 团聚体含量，相比 CK 处理增加 2 倍以上；T_1、T_2 处理均增加 20~30 cm 层次处 1~2 mm、0.5~1 mm、0.25~0.5 mm 团聚体含量，有利于增强土壤结构稳定性。

表3-3　秸秆还田处理对土壤团聚体的影响

Table 3-3 Effects of straw returning on soil aggregates

土壤深度/ cm Soil depth	处理 Treatments	各级团聚体含量/ % Aggregate content at all levels				
		>2 mm	1~2 mm	0.5~1 mm	0.25~0.5 mm	<0.25 mm
0~10	CK	1.08±0.01b	2.72±0.03c	5.06±0.12b	6.08±0.41c	85.06±0.25a
	T_1	1.00±0.02b	4.58±0.04b	5.18±0.12b	8.04±0.25b	81.20±3.21a
	T_2	2.84±0.01a	6.88±0.02a	10.44±0.58a	10.08±0.12a	69.76±2.56b
10~20	CK	1.98±0.02ab	3.94±0.01b	4.22±0.04c	6.44±0.12a	83.42±3.21a
	T_1	1.40±0.01b	2.12±0.01b	6.32±0.05b	7.88±0.21a	82.58±0.25a
	T_2	2.70±0.05a	8.40±0.25a	9.74±0.52a	6.08±0.21a	73.08±5.21b
20~30	CK	3.52±0.02a	1.52±0.02b	2.26±0.32c	3.28±0.25b	89.42±3.31a
	T_1	1.04±0.03b	4.06±0.24a	6.38±0.12a	6.06±0.25a	82.46±2.02abb
	T_2	3.82±0.04a	4.20±0.21a	4.84±0.21b	6.56±0.21a	80.58±2.01a

注：同列数据后不同小写字母表示显著性差异达显著水平（$p<0.05$），下同。

Note:Different letters above the columns indicate significant difference among treatments（$p<0.05$），The same below.

（3）土壤紧实度

图 3-5 可得：在土壤垂直空间内，土壤紧实度在 20~30 cm 土壤层次处达

到最大，CK 处理该层土壤紧实度达到 1 794.12 kPa，而 T_1 与 T_2 处理明显降低该层土壤紧实度，分别降低 12.57%、19.49%。0~10 cm 层次处各处理差异性最为明显，T_1 与 T_2 处理相比 CK 处理分别降低 13.41%、23.24%；10~20 cm 层次处 T_1 与 T_2 处理间无显著性差异，但 T_1 与 CK 处理间存在显著性差异，T_2 处理相比 CK 处理降低了 22.39%。

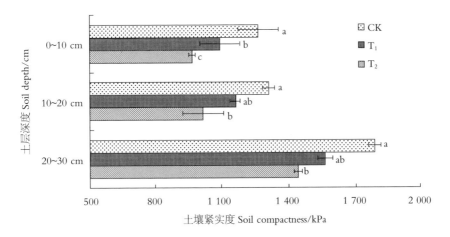

图 3-5　秸秆还田处理对土壤紧实度的影响

Fig.3-5 Effects of straw returning on soil compaction

（二）秸秆还田对土壤酶活性的影响

脲酶活性与尿素水解密切相关，脲酶的活性大小反映出尿素的转化能力及氮素利用效率。由表 3-4 可以看出：不同土层土壤脲酶活性表现不同，整体呈现随着土壤深度加深而逐渐降低的趋势。0~10 cm 土壤脲酶活性 T_2 处理显著高于 T_1 与 CK 处理，较 CK、T_1 处理分别增加 93.79%、59.18%；10~20 cm 土壤脲酶活性 T2 处理显著高于 CK 处理但与 T_1 间无显著性差异；20~30 cm 处各处理下脲酶活性无显著性差异。碱性磷酸酶对土壤磷素的有效性具有重要作用，它在土壤中的活性跟脲酶活性变化趋势相一致，都随着土壤深度加深而逐渐降低，相比 CK 处理，T_1、T_2 处理明显增加碱性磷酸酶的活性，在 0~10 cm 与 20~30 cm 处均表现出显著性差异。由此可见，秸秆还田给土壤微

表 3-4　秸秆还田处理对作物收获后土壤酶活性的影响

Table 3-4 Effects of straw returning on soil enzyme activities after harvest

单位：$mg \cdot g^{-1} \cdot h^{-1}$

处理 Treatments	脲酶活性 Urease activity			碱性磷酸酶活性 Alkaline phosphatase activity		
	0~10 cm	10~20 cm	20~30 cm	0~10 cm	10~20 cm	20~30 cm
CK	1.61±0.48b	0.99±0.02b	0.79±0.12a	15.99±0.49b	8.03±0.22b	7.74±0.53b
T_1	1.96±0.08b	1.41±0.26ab	1.05±0.23a	18.85±0.53a	10.94±0.19ab	10.09±0.05a
T_2	3.12±0.23a	1.92±0.08a	1.03±0.02a	20.41±0.36a	17.80±0.36a	10.26±0.15a

生物增添了大量能源物质，能明显提升土壤中脲酶与碱性磷酸酶的活性，有助于加速氮肥快速分解，同时，提高磷素有效性，减轻磷素在碱性土壤中的固定作用，避免作物因缺磷而出现发育不良的现象。

（三）秸秆还田对土壤化学性质的影响

（1）土壤 pH

表 3-5 可得：土壤 pH 变化较大，苗期 pH 最大，现蕾期、收获期 pH 均有不同程度的降低，但降幅较小，随着土壤深度加深，土壤 pH 有逐渐增大的趋势。在油葵苗期各层次土壤 pH 变化不大，各处理间无显著差异，T_1、T_2 处理土壤 pH 有略小降低趋势。在油葵现蕾期，T_1、T_2 处理效果较为明显，0~10 cm 土壤层次处 T_2 显著降低土壤 pH，相比 CK 处理降低0.18；10~20 cm 处各处理无显著差异；20~30 cm 处 T_1、T_2 处理下土壤 pH 相比 CK 处理显著降低 1.86%、2.41%。油葵收获期各处理对土壤 pH 的影响趋势跟现蕾期表现相一致。由此可见，秸秆还田有助于降低土壤 pH，分析可能因为秸秆在腐解过程中产生有机酸的缘故，在 0~30 cm 土壤层次内，还田 1 a 平均降低土壤 pH 0.1，而还田 2 a 平均降低土壤 pH 0.12，二者效果相一致。

（2）土壤全盐质量分数

土壤全盐质量分数在作物各生育期不同土壤层次表现出不同水平的差异。

表 3-5　秸秆还田处理对土壤 pH 的影响

Table 3-5 Effects of straw returning on soil pH

土层深度/cm Soil depth	处理 Treatments	pH		
		苗期 Seedling period	现蕾期 Squaring period	收获期 Harvest period
0~10	CK	8.88±0.05a	8.93±0.03a	8.90±0.05a
	T$_1$	8.77±0.01a	8.83±0.01ab	8.75±0.06ab
	T$_2$	8.80±0.08a	8.75±0.05b	8.69±0.07b
10~20	CK	9.04±0.02a	8.96±0.03a	8.95±0.05a
	T$_1$	8.97±0.03a	8.83±0.08a	8.89±0.06a
	T$_2$	8.99±0.02a	8.86±0.00a	8.91±0.07a
20~30	CK	9.19±0.01a	9.14±0.34a	9.13±0.05a
	T$_1$	9.14±0.03a	8.97±0.06b	9.07±0.06b
	T$_2$	9.12±0.02a	8.92±0.05b	9.02±0.07b

表 3-6 可得：在油葵苗期，随着土壤层次加深土壤全盐质量分数表现为逐渐降低趋势，秸秆还田处理对全盐质量分数也影响较大，0~10 cm 处各处理间存在显著性差异，T$_2$ 处理明显降低土壤全盐质量分数，相比 CK 与 T$_1$ 处理分别降低24.27%、9.80%；在 10~20 cm 处 T$_2$ 处理相比 CK 处理显著降低 20.85%，而 T$_1$ 处理与 CK 处理间无显著差异；20~30 cm 处各处理变化趋势跟 10~20 cm 相一致，T$_2$ 处理相比 CK 处理降低 19.65%，效果明显。

在现蕾期出现积盐现象，这主要由于在太阳辐射情况下，地表蒸发带动盐分的迁移，造成盐分表聚的窘境，尤其 CK 和 T$_1$ 处理在 0~10 cm 内盐分超过 3 g/kg，而 T$_2$ 处理接近 3 g/kg；在 10~20 cm 处 T$_1$、T$_2$ 处理显著降低土壤全盐质量分数，降幅分别为 8.06%、24.84%；在 20~30 cm 处 T$_1$ 与 T$_2$ 处理相差不大，相比 CK 处理降低 28.12%、27.34%；油葵收获期 0~20 cm 土壤盐分整体有所下降，而 20~30 cm 土壤盐分有增加趋势，T$_1$、T$_2$ 处理在各层次均有

表3-6 秸秆还田处理对土壤全盐质量分数的影响

Table 3-6 Effects of straw returning on soil total salt mass fraction

土层深度/cm Soil depth	处理 Treatments	全盐 /（g·kg）Total salt		
		苗期 Seedling period	现蕾期 Squaring period	收获期 Harvest period
0~10	CK	2.39±0.03a	3.78±0.02a	3.19±0.06a
	T_1	2.04±0.02b	3.26±0.21b	2.51±0.02b
	T_2	1.81±0.03c	2.91±0.10b	2.37±0.02b
10~20	CK	2.11±0.06a	3.10±0.06a	2.84±0.07a
	T_1	1.79±0.17ab	2.85±0.10b	2.43±0.04b
	T_2	1.67±0.03b	2.33±0.02c	2.27±0.02c
20~30	CK	1.73±0.08a	2.56±0.34a	2.72±0.04a
	T_1	1.63±0.05ab	1.84±0.06b	2.32±0.05b
	T_2	1.39±0.08b	1.86±0.05b	2.14±0.04c

明显降低土壤全盐的趋势。秸秆还田技术能达到控盐的目的，尤其还田2 a效果最为明显，平均降低含盐量25%。

（四）秸秆还田对油葵生产效益的影响

油葵产量是评价该区域土壤地力的基本指标。本研究中各处理间存在显著性差异，T_2处理显著高于CK与T_1处理，而CK与T_1处理间无显著性差异。T_2处理下油葵产量达到3 002.54 kg/ha，相比CK于T_1处理分别增加20.60%、12.92%，另外，T_1处理相比CK处理产量增加6.81%。在收益方面，T_2处理下高达11 115.24 元/ha，相比CK增加2 177.34 元/ha，产投比达2.61（表3-7）。

（五）产量与各土壤性质的关系

建立产量与体积质量、水稳性团聚体、紧实度、pH、全盐、脲酶活性、碱性磷酸酶相关矩阵可得相关性如表3-8所示。产量与水稳性团聚体呈现正相关，与0~10 cm处的水稳性团聚体达到极显著正相关，相关系数达到

表 3-7　秸秆还田经济效益分析

Table 3-7 Economic benefit analysis table of straw returning

处理 Treatments	平均产量/ （kg·ha⁻¹） Average yield	增产率/% Yield-increase rate	总产值/ （元·ha⁻¹） Total output value	总投入/ （元·ha⁻¹） Total input	净收益/ （元·ha⁻¹） Income increase	产投比 VCR
CK	2 489.65±80.99b	—	14 937.90	6 000	8 937.90	2.49
T_1	2 659.10±139.99b	6.81	15 954.60	6 450	9 504.60	2.47
T_2	3 002.54±90.93a	20.60	18 015.24	6 900	11 115.24	2.61

注：2018 年油葵单价为 6.0 元/kg；油葵常规投入 6 000 元/ha，包括种子、肥料、灌溉、机械及人工费用；秋季粉碎秸秆还田价格为 450 元/ha。

Note：The unit price of oil sunflower in 2018 was 6.0 yuan/kg. The conventional total input of oil sunflower was 6000 yuan/ha, including seed, fertilizer, irrigation, machinery and labor costs. The price of crushed straw returning in autumn was 450 yuan /ha.

0.996；产量与体积质量呈现负相关，相关程度较强烈，与 0~10 cm 相关性达到显著正相关；与紧实度、全盐呈现负相关，也表现为强负相关；产量与脲酶活性呈现正相关，与 0~10 cm 及 10~20 cm 土壤层次的脲酶活性分别达到了极显著正相关与显著正相关；产量与碱性磷酸酶活性也表现出强正相关，尤其与 10~20 cm 处碱性磷酸酶活性达到显著正相关。由此可见，水稳性团聚体、体积质量、酶活性对增产意义重大，因此在盐碱地改良中应注重土壤

表 3-8　产量与各指标相关性分析

Table 3-8 Analysis of the correlation between yield and various indicators

土层深度/ cm	体积质量	水稳性 团聚体	紧实度	pH	全盐	脲酶活性	碱性磷 酸酶活性
0~10	−0.997*	0.996**	−0.960	−0.906	−0.849	0.994**	0.935
10~20	−0.859	0.967	−0.983	−0.431	−0.904	0.991*	0.999*
20~30	−0.953	0.871	−0.936	−0.970	−0.918	0.707	0.792

注：* 表示显著相关（$p<0.05$），** 表示显著相关（$p<0.01$）。

Note：* indicates significant correlation （$p<0.05$）, and ** indicates significant correlation （$p<0.01$）.

良好的团粒结构的构建以及土壤酶活性的提高。

三、讨论

体积质量的大小反映了土壤孔隙大小分布及对作物根系穿透阻力 [20]。艾天成等 [21] 通过棉花秸秆还田发现，还田 1 a 和还田 2 a 对土壤体积质量均有降低，相比未还田存在显著性差异，同时有效地提高土壤孔隙度；钱凤魁等[22] 研究也认为秸秆还田可明显降低土壤体积质量。而本试验在盐碱地上应用秸秆还田技术发现能显著降低土壤体积质量，有利于根区好氧微生物活动，促进作物营养吸收，且还田 2 a 效果更好。

土壤团聚体是土壤结构的基本构成单元，是反映农田结构最重要的指标 [23]。大量研究结果表明秸秆还田可提高土壤大团聚体的含量，从而增强土壤结构稳定性 [24-27]；张翰林等 [28] 研究也认为秸秆还田能显著增加大团聚体含量，且随着还田年限增加趋势更加明显。本试验研究结果表明：还田 1 a 与 2 a 均能明显降低微团聚体含量，尤其还田 2 a 处理下大团聚体含量较对照增加为 8.84%~15.03%。土壤紧实度反映出土壤松紧状况，本试验研究表明还田 1 a 与 2 a 处理都能明显降低土壤紧实度，还田 2 a 处理可降低 10~20 cm 层次土壤紧实度 22.36%，效果极为明显，可有效地改善耕区环境，增强透气通水性能，促进作物根系伸长，这与范围 [29]、Kabiri [30] 等研究相一致。

土壤酶是土壤重要的组成成分之一，其活性的大小表征了土壤进行生理生化反应的能力。本试验研究结果表明秸秆还田 2 a 显著提高脲酶、碱性磷酸酶的活性，相比 CK，在 10~20 cm 土壤层次处提高了接近 1 倍，而对 20~30 cm 土壤层次处碱性磷酸酶活性影响不大，这与吴玉红 [31]、黄容 [32] 研究结果基本一致。大量研究表明：秸秆还田或覆盖可抑制土壤水分蒸发，调节水盐运动，增加作物产量 [33-35]，而本试验也验证了这一点，还田 2 a 降低耕层盐分 25%左右，增产 20.60%。

四、结论

与未还田相比，秸秆还田对盐碱地土壤物理性质有极大的改善作用，还田 2 a 效果相比还田 1 a 更佳，具体表现在还田 2 a 降低土壤体积质量 6.04%~6.49%，水稳性团聚体增加 8.84%~15.03%，同时，还田 2 a 处理 20~30 cm 处土壤紧实度相比还田 1 a 与未还田处理分别降低了 12.57%、19.49%，此外，还田 2 a 处理显著提高了土壤脲酶与碱性磷酸酶的活性，耕层含盐量降低 25% 左右，从而促使产量增加 20.60%。下一步试验应建立在原有的基础上增加还田年限，从土壤有机碳组分入手，研究土壤肥力的演变，且同时展开还田方式研究，旨在达到增加土壤肥力，抑盐克碱的目的。

参考文献

[1] 李娇，田冬，黄容，等. 秸秆及生物炭还田对油菜/玉米轮作系统碳平衡和生态效益的影响 [J]. 环境科学，2018（9）：4338-4347.

[2] 王小彬，蔡典雄，张镜清，等. 旱地玉米秸秆还田对土壤肥力的影响 [J]. 中国农业科学，2000，33（4）：54-61.

[3] 单智超，冯定超，金晓兴，等. 秸秆还田及土壤 C/N 平衡效应研究 [J]. 农业科技通讯，2013（4）：142-144.

[4] 冯国艺，翟黎芳，杜海英，等. 秸秆还田对河北省滨海盐碱地理化性质及棉花植株性状和产量的影响 [C] // 中国棉花学会年会. 2015.

[5] 慕平，张恩和，王汉宁，等. 连续多年秸秆还田对玉米耕层土壤理化性状及微生物量的影响 [J]. 水土保持学报，2011，25（5）：81-85.

[6] 王双磊. 棉花秸秆还田对盐碱地棉田土壤理化性质和生物学特性的影响 [D]. 山东农业大学，2015.

[7] 田慎重，王瑜，李娜，等. 耕作方式和秸秆还田对华北地区农田土壤水稳性团聚体分布及稳定性的影响 [J]. 生态学报，2013，33（22）：

7116-7124.

[8] 孙汉印，姬强，王勇，等.不同秸秆还田模式下水稳性团聚体有机碳的分布及其氧化稳定性研究 [J] .农业环境科学学报，2012，31 (2)：369-376.

[9] 许建新，孙文彦，李燕青，等.秸秆还田对微咸水补灌的土壤盐分抑制及作物产量的影响 [J] .中国土壤与肥料，2012 (6)：29-33.

[10] 禄兴丽，廖允成.保护性耕作对旱作夏玉米苗期土壤水热及作物产量的影响 [J] .土壤通报，2014，45 (1) .

[11] 陈延华，王乐，张淑香，等.长期施肥下褐土生产力的演变及其影响因素[J] .植物营养与肥料学报，2018，24 (06)：35-45.

[12] 张聪，慕平，尚建明.长期持续秸秆还田对土壤理化特性、酶活性和产量性状的影响 [J] .水土保持研究，2018，25 (1)：92-98.

[13] 于梅婷.深松和秸秆还田对玉米生长发育和养分吸收的影响 [D] .2016.

[14] 刘义国，刘永红，刘洪军，等.秸秆还田量对土壤理化性状及小麦产量的影响 [J] .中国农学通报，2012，29 (3)：131-135.

[15] Elliott E. T. Aggregate structure and carbon, nitrogen, and phosphorus in native and cultivated soils [J] . *Soil Science Society of America Journal*, 1986, 50 (3)：627-633.

[16] Six J, Elliott E T, Paustian K, *et al.* Aggregation and Soil Organic Matter Accumulation in Cultivated and Native Grassland Soils [J] . *Soil Science Society of America Journal*, 1998, 62 (5)：1367-1377.

[17] 鲍士旦，土壤农化分析 [M] .北京：中国农业出版社，2000.

[18] 李酉开.土壤农化分析结果计算式的正确表达 [J] .土壤通报，2000，31 (6)：275-276.

[19] 关松荫.土壤酶及其研究法 [M] .北京：农业出版社，1986.

[20] 罗珠珠，黄高宝，张国盛.保护性耕作对黄土高原旱地表土容重和水分入渗的影响 [J].干旱地区农业研究，2005，23（4）：7-11.

[21] 艾天成，王传金，周世寿.棉秆还田对土壤生态环境的影响 [J].安徽农业科学，2006，34（3）：538-538.

[22] 钱凤魁，黄毅，董婷婷，等.不同秸秆还田量对旱地土壤水肥和玉米生长与产量的影响 [J].干旱地区农业研究，2014，32（2）：61-65.

[23] 王清奎，汪思龙.土壤团聚体形成与稳定机制及影响因素 [J].土壤通报，2005，36（3）：415-421.

[24] Imbufe A U, Patti A F, Burrow D, *et al.* Effects of potassium humate on aggregate stability of two soils from Victoria, Australia [J]. *Geoderma*, 2005, 125 (3): 321-330.36 (3): 415-421.

[25] 冀保毅，赵亚丽，郭海斌，等.深耕和秸秆还田对不同质地土壤团聚体组成及稳定性的影响 [J].河南农业科学，2015，44（3）：65-70.

[26] 田慎重，王瑜，李娜，等.耕作方式和秸秆还田对华北地区农田土壤水稳性团聚体分布及稳定性的影响 [J].生态学报，2013，33（22）：7116-7124.

[27] 张鹏，贾志宽，王维，等.秸秆还田对宁南半干旱地区土壤团聚体特征的影响 [J].中国农业科学，2012，45（8）：1513-1520.

[28] 张翰林，郑宪清，何七勇，等.不同秸秆还田年限对稻麦轮作土壤团聚体和有机碳的影响 [J].水土保持学报，2016（4）：216-220.

[29] 范围，吴景贵，李建明，等.秸秆均匀还田对东北地区黑钙土土壤理化性质及玉米产量的影响 [J].土壤学报，2018，v.55（04）：55-66.

[30] Kabiri V , Raiesi F , Ghazavi M A . Six years of different tillage systems affected aggregate-associated SOM in a semi-arid loam soil from Central Iran [J]. *Soil and Tillage Research*, 2015, 154: 114-125.

[31] 吴玉红，郝兴顺，田霄鸿，等.秸秆还田与化肥减量配施对稻茬麦土壤
养分、酶活性及产量影响 [J].西南农业学报，2018，31（05）：127-
134.

[32] 黄容，高明，万毅林，等.秸秆还田与化肥减量配施对稻-菜轮作下土壤
养分及酶活性的影响 [J].环境科学，2016，37（11）.

[33] 陈素英，邵立威，孙宏勇，等.微咸水灌溉对土壤盐分平衡与作物产量
的影响 [J].中国生态农业学报，2016，24（8）：1049-1058.

[34] 张彦群，王建东，龚时宏，等.秸秆覆盖和滴灌制度对冬小麦光合特性
和产量的影响 [J].农业工程学报，2017，33（12）：162-169.

[35] 孙宏勇，刘小京，张喜英.盐碱地水盐调控研究 [J].中国生态农业学
报，2018，26（10）：109-117.

第三节　玉米秸秆还田对盐碱地土壤碳平衡和真菌
群落多样性的影响

　　宁夏引黄灌区位于黄河上游下段，土壤盐渍化与次生盐渍化问题受到了
广泛关注，集中表现为中、重度盐碱地面积减少，轻度盐碱地面积增加的趋
势，盐碱地作为一种具有开发潜力的资源，充分利用对于粮食安全意义非
凡[1-3]。近年来，专家学者陆续在该地区从工程、物理、化学及生物角度为盐
碱地改良利用做了大量工作。而在诸多改良利用措施中，基于固碳减排、农
副产品资源高效利用的大背景下，秸秆还田无疑为最经济、环保且改良效果
显著的农艺改良措施 [4-9]。为此，我国学者在还田种类、方式、深度等方面开
展了具体研究 [10-12]。其中，中国农业科学院逄焕成、李玉义研究团队的秸秆
"抑盐层"技术在宁、蒙灌区取得了很好改良效果 [13]。然而，秸秆还田易受气
候条件影响，秸秆腐解便成为关键环节 [14-16]。鉴于宁夏地区干旱少雨、昼夜

温差大等特点，加之土壤微生物消耗氮源，降低了秸秆腐解速率与养分吸收。相比秸秆直接还田而言，粉碎形态有利于加快微生物的腐解进程，并且能够提高土壤微生物群落多样性及丰富度，同时也会降低土壤碳排放通量[14-17]。诸多研究者在南方地区开展秸秆还田试验发现，玉米秸秆、稻秸秆还田均能够增加土壤真菌微生物多样性、群落丰富度[18-23]。萨如拉等[24]研究了西辽河灌区玉米秸秆还田对土壤真菌群落的影响，认为还田量为 6 kg/m² 可改变盐碱土壤中的菌属种类，增加土壤微生物群落的多样性；卢培娜[25] 在内蒙古连续 3 年秸秆还田量 11 250 kg/hm² 定位试验认为还田处理会增加土壤真菌丰富度和多样性。此外，王维钰[26] 研究认为西北地区全量还田处理下碳排放通量相比未还田处理显著提高 3.6%~5.7%；任立军等[27] 基于设施微区试验，研究表明，秸秆还田条件下土壤温度、含水量影响土壤呼吸速率，进而改变土壤碳排放进程。

基于上述研究，秸秆粉碎还田促进土壤真菌微生物活性及增加土壤碳汇，且不同气候区适宜还田量有所差异。为明确宁夏银北灌区有利于土壤真菌微生物群落、固碳减排的秸秆最佳还田量及土壤关键影响因子，本研究建立短期粉碎秸秆还田定位试验，分析不同还田量下生态系统碳平衡及土壤真菌微生物群落多样性变化特征，阐明秸秆还田改善效应，筛选最佳还田量，探讨土壤关键影响因子与真菌微生物、碳平衡的关系。研究结果以期为盐碱地农艺改良利用、秸秆合理高效利用及农业"双碳"目标提供理论依据。

结果表明：相比 CS0 处理，粉碎秸秆还田后土壤全盐含量降低 7.94%~19.57%，地温提高 0.11~0.58 ℃，其中，CS9000 处理下抑盐增温效果明显，同时，该处理显著增加碳排放量与微生物异养呼吸碳，而 CS6000 处理相比其他处理显著增加净初级生产力固碳量，净生态系统生产力固碳量也分别比 CS9000、CS3000、CS0 处理显著增加 27.11%、29.41%、35.22%。通过计算碳收支平衡得出 CS6000、CS3000 处理下农田生态系统是大气 CO_2 的"汇"，其中，CS6000 处理下对碳平衡提升效果最好，有助于增加土壤碳汇。另外，粉碎秸秆还田后土壤真菌多样性变化较大，CS6000 处理相比 CS0 处理显著提高 S_{chao1}、$H_{shannon}$ 指数，且该处理明显增加子囊菌门（Ascomycota）、粪壳菌纲（Sordariomycetes）、被孢霉属（*Mortierella*）、镰刀菌属（*Fusarium*）优势群落相对丰度。从固碳减排、微生物多样性的角度考虑，粉碎秸秆还田量为 6 000 kg/hm² 为该地区最佳还田量。

一、材料与方法

（一）供试土壤

试验于 2020 年 10 月在宁夏石嘴山市惠农区海燕村建立短期粉碎秸秆还田定位试验。该地区西依巍巍贺兰山，东临滔滔黄河水，典型大陆性气候，常年干旱少雨，年均降雨量 180 mm 左右，盛行西北风，平均风速 2~3 m/s。土地盐碱化程度高、灌溉困难、基础薄弱，通过基础土壤样品分析，依据土壤机械组成国际制标准分析出土壤质地为粉砂质壤土；土壤 pH 为8.45，土壤全盐 3.07 g/kg，属于中度盐化水平。土壤盐分离子分析所得，阳离子以 Na^+ 为主，平均占全盐总量的 35.67%；阴离子以 SO_4^{2-} 和 Cl^- 为主，分别平均占全盐含量的 23.31% 和 28.45%，属氯化物-硫酸盐盐渍土。参照中国土壤第二次普查分级，养分库容结果显示有机质 8.58 g/kg，速效氮含量65.89 g/kg，二者处于五级较低水平，有效磷含量 8.32 g/kg，处于四级偏低水平，速效钾含量 189.56 g/kg，处于二级丰富水平。

（二）试验设计

本试验为短期粉碎玉米秸秆还田定位试验，秸秆取自农户上年自然风干的玉米秸秆，常规分析秸秆碳、氮、磷、钾含量分别为 400.7 g/kg、6.2 g/kg、3.8 g/kg、12.5 g/kg，采用单因素多水平随机区组设计，以未还田（CS0）为对照，分别设置 1/3 全量还田：还田量为 3 000 kg/hm²（CS3000）；2/3 全量还田：还田量为 6 000 kg/hm²（CS6000）；全量还田：还田量为 9 000 kg/hm²（CS9000）。另外增施氮肥调节 C/N 为 25∶1，其中 CS0 处理施氮量 0 kg/hm²，CS3000 处理施氮量 30 kg/hm²，CS6000 处理施氮量 60 kg/hm²，CS9000 处理施氮量 90 kg/hm²。每个处理 3 次重复，共 12 个试验小区，每个小区面积为 48 m²（6 m×8 m），各小区四周用土叠梗进行单排单灌，小区之间保留 0.6 m 过道。还田措施于 10 月份完成，翌年操作与上年相一致。施入前进行人工粉碎，粉碎机粉碎至 3~5 cm 小段，机械深耕 30 cm 翻压，按照质量比 100∶1 配施秸秆腐熟剂，然后冬灌沤田。每年 4 月中旬播种，宽窄行（70 cm×50 cm）种植，株距 20 cm，播前统一施用过磷酸钙 750 kg/hm²、硫酸钾 75 kg/hm²，氮肥施用量为 375 kg/hm²，40%基施，剩余的 60%分别在玉米拔节期、抽雄期追施，灌溉水采用地下水（矿化度为 1.05 g/L、pH 为 7.72）漫灌。指示作物为青贮玉米"登海青贮 393"品种。

（三）测定项目及方法

2020 年 10 月完成首次粉碎秸秆还田试验，还田前采集土壤样品分析基础养分值。鉴于宁夏地区气候类型特征，秸秆还田后腐解速率较慢，因此监测土壤含水量、全盐及 pH 变化时间选为 2021 年 10 月还田后 210 d、225 d、240 d、255 d、270 d、285 d、300 d、315 d，采集 0~30 cm 土壤样品，做好标签带回实验室测定。

（1）土壤盐分组成、养分含量测定

采样方法为每一小区采五点，采样深度为 0~30 cm 耕作层，各点土样混合后成为一个土样，装袋、标记后带回实验室，风干、过筛。机械组成采用比重计法测定，国际制计算；容重采用环刀法测定；土壤含水量采用铝盒烘干法测定含水量；土壤 pH 用 pH 计测定（水土比 2.5∶1）；土壤全盐含量与水样矿化度采用 DDS-11 电导率仪测定，全盐含量由电导率与含盐浓度关系式反推求出；地下水矿化度直接通过 DDS-11 电导率仪测定读取；Na⁺采用火焰光度计法，Cl⁻采用 AgNO₃ 滴定法，SO₄²⁻采用 EDTA 间接络合滴定法测定；有机质采用重铬酸钾-浓硫酸加热法测定；速效氮采用碱解扩散法测定；速效磷用 0.5 mol/L 碳酸氢钠浸提-钼锑抗比色法测定，速效钾用 1 mol/L 醋酸铵溶液浸提-火焰光度计法测定[28,29]。

（2）土壤 CO_2 排放通量测定[27]

土壤 CO_2 排放速率采用 LI-8100A 土壤碳通量自动测定仪（Li-Cor，Lincon，NE，美国）测定。在测定之前的 2~3 d 将土壤环均匀插入土壤中，尽可能减小土壤扰动带给实验测定的误差。每个处理设置 3 个重复，每个重复测定 3 次。测定时间与土壤 pH、全盐及含水量指标监测保持同步，周期为 15 d，选取天气晴朗的上午 08：00—11：00 时间段测定土壤气体，同时采用地温计读取土壤温度。

$$F_{CO_2} = \sum_{i=1}^{n} \left[\frac{F_{i+1}+F_i}{2} \times (t_{i+1}-t_i) \times 0.158\,4 \times 24 \times 10 \right] \quad (1)$$

式中，F_{CO_2} 为土壤 CO_2 排放通量，kg/hm²；F_i 为第 i 次测定的土壤 CO_2 排放速率，$\mu mol/(m^2 \cdot s)$；$(t_{i+1}-t_i)$ 为连续两次测定间隔，d；n 为测定的次数；$0.158\,4 \times 24 \times 10$ 是将碳排放数值单位 $\mu mol/(m^2 \cdot s)$ 转换为 kg/hm² 的系数。

（3）植株生物量与养分测定

在青贮玉米收获期，每个小区获取 5 株青贮玉米，清洗根系装入网袋挂上标签后带回实验室分根、地上部及籽粒部位切碎，在 105 ℃杀青 30 min 后调温 60 ℃烘干至质量恒定，接着用电子秤称量其生物量并记录。最后，用高速粉碎机粉碎粒径为 0.25 mm，采用重铬酸钾-硫酸氧化法测定植株全碳含量，平均含量为 40.45%。而净初级生产力（NPP）是玉米收获时地上所有生物量籽粒生物量及地下部分根生物量总和，乘以植株全碳含量求得地上与地下部分固定碳总和 C_{NPP}（kg/hm²）[30]。

（4）真菌微生物多样性测定

目前 AccuITSTM 真菌绝对定量测序服务项目主要包括真菌 ITS1 和ITS2。区域检测 AccuITSTM 真菌绝对定量实验部分流程主要包括：样本质量检测，目的区域预扩增，样本真菌拷贝数含量预估，添加 spike-in DNA，文库构建与质检，样本上机测序。本项目引物信息为：目的区域 ITS2：Primer F =Illumina adapter sequence1+GCATCGATGAAGAACGCAGC

Primer R=Illumina adapter sequence 2+TCCTCCGCTTATTGATATGC

（四）相关指标计算

（1）碳平衡计算

采用 Woodwell 提出净生态系统生产力固定碳（C_{NEP}）与有机肥碳投入量 C_{input} 计算土壤碳平衡（C_B）（Woodwell，1978），SCB 为正值时，表明此农田是大气 CO_2 的"汇"，反之，则为大气 CO_2 的"源"。计算公式为：

$$C_B=C_{NEP}+C_{input} \quad (2)$$

$$C_{NEP}=C_{NPP}-C_{RM} \quad (3)$$

$$C_{RM}=C_E×0.865 \quad (4)$$

$$C_E=F_{CO_2}×0.272\ 7 \quad (5)$$

式中，C_{RM} 为土壤微生物异养呼吸碳排量；C_E 为玉米生育期碳排放量，kg/hm^2；0.865 为土壤微生物异养呼吸转化系数；0.272 7 为 C 占 CO_2 分子量的比例 [31,32]。

（2）多样性指数计算

S_{chao1} 用于估计样本中物种总数，数值越大代表物种越多；$H_{shannon}$、$D_{simpson}$ 用来估算样本中微生物的多样性指数之一，$H_{shannon}$ 值越大，说明群落多样性越高，$D_{simpson}$ 指数值越大，说明群落多样性越低。

$$S_{chao1}=S_{obs}+\frac{n_1\ (n_1-1)}{2\ (n_2+1)} \quad (6)$$

$$H_{shannon} = -\sum_{i=1}^{S_{abc}} \frac{n_i}{N} \ln \frac{n_i}{N} \quad (7)$$

$$D_{simpson} = \frac{\sum_{i=1}^{S_{abc}} n_i \ (n_i - 1)}{N \ (N-1)} \quad (8)$$

式中，S_{obs} 表示实际测量的 OTU 数目；n_i 表示第 i 个 OTU 含有的序列数目；N 表示所有的序列数；n_1 表示只含有一条序列的 OTU 数；n_2 表示只含有一条序列的 OTU 数。

（五）数据分析与处理

试验数据以 Excel 2003 软件进行整理，利用 SPSS Statistics 17.0 单因素和双因素方差分析（ANOVA）比较土壤盐分、含水量、pH、地温和 CO_2 排放速率。最小显著性检验（LSD）、Duncun（SSR）新复极差法进行差异显著性检验（$P<0.05$，$n=5$）；相关分析采用皮尔逊（Pearson）双尾检验法；采用 QIIME 软件通过计算真菌多样性指数来评估群落内的生物多样性和丰富度；采用 ANOVA 比较处理间多样性指数；采用 CANOCO version 5.0 软件进行冗余分析（RDA），采用 Excel 2003 软件绘图。

二、结果分析

（一）粉碎秸秆还田量对土壤全盐、pH 及水热因子的影响

粉碎秸秆还田措施实施前，耕层土壤全盐含量平均含量为 3.07 g/kg，属于中度盐化水平，还田后 210 d 土壤全盐含量达到生育期返盐高峰期，含量平均为 4.24 g/kg，该时期还田措施相比未还田处理有降低土壤全盐含量的趋势；随后在还田 255 d 土壤全盐处于第一个低谷期，该时期 CS9000 处理相比未还田处理可显著降低土壤全盐含量 16.50%；还田 270 d 后土壤全盐含量处于第二个返盐高峰期，相比秸秆还田后 210 d 全盐含量有所降低，平均降幅为 4.95%~13.73%；还田 270 d 之后全盐稳定下降，在还田 315 d 时还田处理相比未还田

降低了 7.94%~19.57%，其中 CS9000 处理降幅最大（图 3-6）。耕层土壤 pH 平均水平为 8.45，还田后土壤 pH 变化较为稳定 （图 3-7）。耕层土壤含水量在各处理间变化趋势相一致，还田 240 d 后土壤质量含水量相比 CS0 处理均

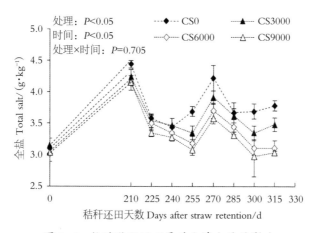

图 3-6 粉碎秸秆还田量对土壤全盐的影响

Fig. 3-6 Influence of chopped straw returning amount on soil total salt

注：处理为 CS0、CS3000、CS6000 及 CS9000；时间为土壤取样时间；*p* 为双因素方差分析（two-way ANOVA）的显著性水平采用 LSD，下同。

Treatment indicates the CS0、CS3000、CS6000 and CS9000 treatments; Time, the soil sampling time; *p*, the significance level of two-way ANOVA（two-tailed）by LSD. The same as below.

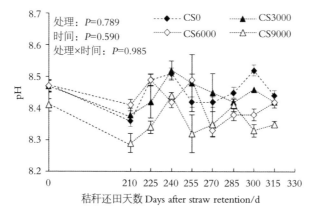

图 3-7 粉碎秸秆还田量对土壤 pH 的影响

Fig. 3-7 Influence of chopped straw returning amount on soil pH

有小幅度增加，且随着还田量增加，土壤含水量表现为增加趋势（图 3-8）。耕层土壤地温在还田后 315 d 时在各处理随着生育期推延呈现为先增加后降低趋势（图 3-9），且处理间无显著性差异，还田后 285 d 时各处理下土壤温度最高，其中，CS9000 处理相比 CS0 处理可增加土壤温度 0.50 ℃，综合整个生育期内发现，秸秆还田有助于增加土壤温度，其中，秸秆还田量 CS3000、CS6000、CS9000 处理分别相比 CS0 处理增加土壤温度 0.11 ℃、0.24 ℃、0.58 ℃。

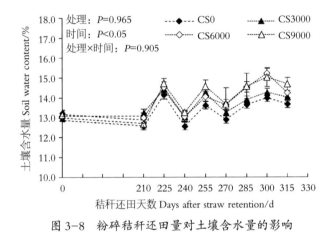

图 3-8 粉碎秸秆还田量对土壤含水量的影响

Fig. 3-8 Influence of chopped straw returning amount on soil water content

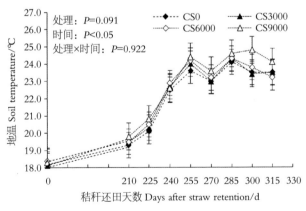

图 3-9 粉碎秸秆还田量对土壤温度的影响

Fig. 3-9 Influence of chopped straw returning amount on soil tepperature

（二）粉碎秸秆还田量对青贮玉米生育期内土壤CO_2排放通量的影响

（1）土壤CO_2排放通量

粉碎秸秆不同还田量下的土壤CO_2排放速率表现出明显差别，综合发现，土壤CO_2排放速率随青贮玉米生育进程呈典型的"单峰"曲线，在还田后255 d时达到高峰点，随后排放速率逐渐降低，在还田后285 d时CO_2排放速率最低，随后在一个月内表现平稳。不同还田量处理在还田210~270 d内表现为CS6000、CS9000处理相比CS3000、CS0处理显著提高CO_2排放速率（图3-10）。通过计算青贮玉米生育期内CO_2排放通量，结果显示粉碎秸秆还田后能提高CO_2排放通量，且随着还田量增加表现出增强趋势，其中，CS6000、CS9000处理相比CS0处理显著增加19.86%、25.50%（图3-11）。

（2）土壤碳平衡参数

粉碎秸秆还田对青贮玉米净初级生产力固碳量的影响显著，CS6000处理下青贮玉米净初级生产力固碳量相比其他处理显著提高，相比CS9000、CS3000、CS0分别显著增加27.11%、29.41%、35.22%；碳排放量在各处理间大小依次表现为CS9000>CS6000>CS3000>CS0，其中，CS6000、CS9000处理相比CS0分别显著增加24.50%、25.50%（表3-9）；微生物异养呼吸释放碳

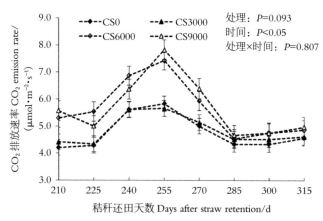

图3-10 粉碎秸秆还田量对青贮玉米生育期内土壤CO_2排放速率影响

Fig. 3-10 Influence of chopped straw returning amount on soil CO_2 emission rate

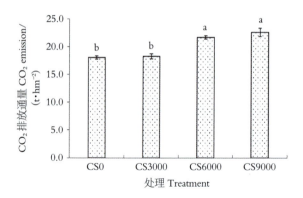

图 3-11 粉碎秸秆还田量对青贮玉米生育期土壤 CO_2 平均排放速率的影响

Fig. 3-11 Influence of chopped straw returning amount on soil average CO_2 emission rate

注：不同小写字母表示在 0.05 水平上差异显著。下同。

Different lowercase letters show significant differences at the 0.05 level. The same below.

表 3-9 粉碎秸秆还田量对土壤碳平衡参数的影响

Table 3-9 Influence of chopped straw returning amount on soil carbon balance parameters

处理 Treatment	净初级生产力固碳量 C_{NPP}/ (t·hm⁻²)	碳排放量 C_E/ (t·hm⁻²)	微生物异养呼吸释放碳 C_{RM}/(t· hm⁻²)
CS0	4.23±0.32c	4.98±0.02b	4.31±0.02b
CS3000	4.42±0.05b	5.03±0.02b	4.35±0.02b
CS6000	5.72±0.12a	6.20±0.15a	5.37±0.13a
CS9000	4.50±0.13c	6.25±0.07a	5.41±0.06a

注：均值±标准误，同一列不同小写字母表示在 0.05 水平上差异显著。下同。

Note：Different lowercase letters in the same column indicate significant difference at the 0.05 level. The same below.

变化规律与碳排放量表现趋势相一致。

（3）农田生态系统碳平衡

图 3-12 表明，净生态系统生产力固碳量在各处理间存在显著性差异，大小依次为 CS6000＞CS3000＞CS0＞CS9000，其中，CS3000、CS6000 处理下 CNEP 为正值，表明该处理下青贮玉米农田在生态系统尺度上均是大气 CO_2 的"汇"，而 CS0、CS9000 处理下 CNEP 为负值，表明该处理下青贮玉米农田在

生态系统尺度上均是大气 CO_2 的"源"。结合秸秆输入的碳量计算土壤碳平衡结果发现，CS3000、CS6000、CS9000 处理土壤碳平衡为正值，足以补偿碳呼吸释放的碳，CS9000 处理虽然外源输入碳含量最高，但其微生物异养呼吸释放碳也明显增加，导致碳平衡略低于 CS6000 处理。而 CS0 处理下因未得到外源碳输入补充，表现为碳处于匮缺状态（图 3-13），由此可见，CS6000 处理对

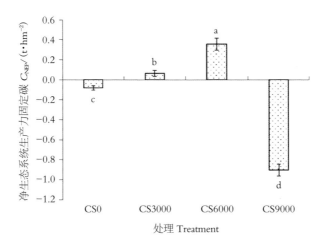

图 3-12　粉碎秸秆还田量对青贮玉米生育期内净生态系统生产力固定碳的影响

Fig. 3-12 Influence of chopped straw returning amount on C_{NEP}

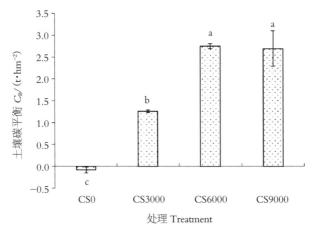

图 3-13　粉碎秸秆还田量对青贮玉米生育期内土壤碳平衡的影响

Fig. 3-13 Influence of chopped straw returning amount on C_B

于生态系统碳平衡提升效果相比较好，而 CS0 处理会打破生态系统碳平衡。

（三）土壤酸、碱、水、热因子与土壤碳平衡相关性分析

通过相关性矩阵发现，净初级生产力固碳量与土壤全盐、含水量、pH 间存在极显著负相关（$P<0.01$）；碳排放量与含水量、温度间存在极显著（$P<0.01$）、显著（$P<0.05$）正相关，而与 pH 间存在极显著负相关（$P<0.01$）；碳平衡与土壤含水量间存在显著正相关（$P<0.05$），而与土壤 pH 间存在显著负相关（$P<0.05$）。由此可见，土壤全盐、pH 显著抑制了净初级生产力固碳量，土壤含水量促进了净初级生产力固碳量，而温度与含水量共同加速了土壤碳排放量（表 3-10）。

表 3-10　相关性分析
Table 3-10 Correlation analysis

指标 Indexs	净初级生产力固碳量 C_{NPP}	碳排放量 C_E	净生态系统生产力固碳量 C_{NEP}	碳平衡 C_B
全盐 Total salt	-0.760^{**}	-0.472	0.095	-0.570
含水量 SWC	0.840^{**}	0.839^{**}	-0.230	0.850^{**}
pH	-0.765^{**}	-0.726^{**}	0.287	-0.819^{**}
温度 Temperature	0.546	0.652^{*}	-0.471	0.436

注：* 在 0.05 级别（双尾）相关性显著；** 在 0.01 级别（双尾）相关性极显著。

Note：* At level 0.05（two-tailed），the correlation was significant；** At level 0.01（two-tailed），the correlation was extremely significant）.

（四）粉碎秸秆还田量对土壤真菌群落结构的影响

（1）土壤真菌群落 OTU 数

操作分类单元（Operational Taxonomic Units，OTU）是在系统发生学研究或群体遗传学研究中，为便于分析而人为设置的分类单元标志。以 97% 的相似性对序列进行聚类，相似度大于 97% 的序列将聚为同一个 OTU。通过采用16s rDNA 高通量测序技术，获得样本质控与统计，基于分类学分析统计

界、门、纲、目、科、属、种七个分类水平的物种丰度，其结果如图 3-14 所示。各分类水平下不同处理间 OTU 数无显著性差异，大小依次为 CS6000> CS3000 >CS0>CS9000，由此可见，适量粉碎秸秆还田措施会提高土壤真菌群落 OTU 数，但还田高量处理会降低土壤真菌群落 OTU 数。

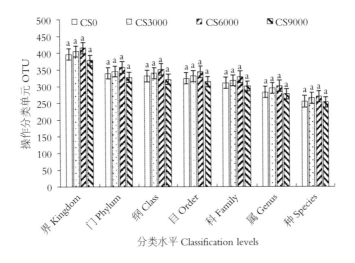

图 3-14　粉碎秸秆还田量对土壤 OTU 数的影响

Fig. 3-14 Influence of chopped straw returning amount on soil OTU

（2）土壤真菌群落多样性指数

基于 97%（0.03）的相似性水平上分析样品，通过计算菌群丰富度指数，其中，S_{chao1} 指数用于估计样本中物种总数，数值越大表示物种越多，$H_{shannon}$、$D_{simpson}$ 估算样本中微生物的多样性指数，$H_{shannon}$ 数值越大表示多样性越丰富，$D_{simpson}$ 指数值越大，说明群落多样性越低。分析结果发现 CS3000、CS6000 处理相比 CS0 处理会增加 S_{chao1} 指数，增幅分别为 23.96%、7.62%，而 CS9000 处理相比 CS0 处理 S_{chao1} 指数降低了 23.88%；$H_{shannon}$ 指数在各处理间大小表现为 CS6000>CS0>CS3000>CS9000，其中，CS6000 处理相比 CS0、CS9000 处理显著增加 10.21%、41.46%；$D_{simpson}$ 指数在 CS9000 处理下显著增加。由此可见，粉碎秸秆还田量 6 000 kg/hm² 有助于提高土壤真菌群落多样性与物种丰富度

（表 3-11）。

表 3-11　粉碎秸秆还田量对土壤真菌群落多样性指数的影响

Table3-11 Influence of chopped straw returning amount on soil fungal community diversity index

处理 Treatment	S_{chao1}	$H_{shannon}$	$D_{simpson}$
CS0	393.67±31.63ab	4.21±0.21ab	0.04±0.01b
CS3000	423.67±23.67a	4.05±0.21ab	0.06±0.03ab
CS6000	488.00±39.95a	4.64±0.10a	0.02±0.00b
CS9000	299.67±32.0b	3.28±0.44b	0.15±0.05a

（3）土壤真菌优势群落结构组成

基于 HiSeq 高通量测序，研究粉碎秸秆还田量下门、纲、科、属水平下真菌优势群落组成。结果发现，子囊菌门相对丰富度约占整个菌门的 31.72%~43.75%，相比 CS0 处理，CS3000、CS6000 处理增加了子囊菌门的相对丰富度，而 CS9000 处理降低了子囊菌门（Ascomycota）的相对丰富度，同时，该处理增加了 unidentified 菌门的相对丰富度，此外，CS3000、CS6000、CS9000 处理相比 CS0 处理明显降低了劣势菌门的相对丰富度。纲水平下，除 unidentified 菌纲外，粪壳菌纲（Sordariomycetes）相对丰富度较高，其中，CS6000 处理明显增加该菌纲相对丰富度；科水平下，CS3000、CS6000、CS9000 处理相比 CS0 处理明显降低毛壳菌科（Chaetomiaceae）相对丰富度，毛壳菌科属于营腐生型真菌，是有较强分解纤维素能力的类群；属水平下，CS6000、CS9000 处理相比 CS0 处理增加了镰刀菌属（Fusarium），镰刀菌能产生植物刺激素（赤霉素），这对于作物增产具有重要意义；CS3000、CS6000 处理下被孢霉属（Mortierella）的相对丰富度明显增加，而 CS9000 处理明显降低该菌属相对丰富度。整体而言，粉碎秸秆还田会改变不同分类水平下真菌群落结构组成，增加了优势菌群的相对丰富度，对于劣势菌群起到抑制作用（图 3-15）。

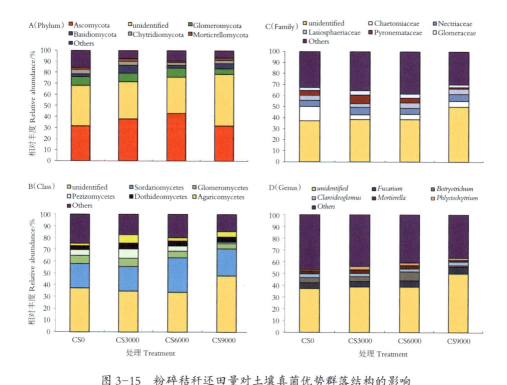

图 3-15 粉碎秸秆还田量对土壤真菌优势群落结构的影响

Fig. 3-15. Effect of chopped straw returning amount on soil fungal dominant community structure

（五）真菌群落与土壤酸、碱、水、热因子 RDA 分析

利用 RDA 分析土壤酸、碱、水、热因子与真菌群落组成的关系，结果见图 3-16。RDA1 和 RDA2 两轴可共同解释门、纲、科、属水平真菌群落结构差异的 95.93%、95.58%、92.75%、96.11%。土壤酸、碱、水、热因子中对不同水平下真菌群落结构组成影响最大的因子为温度，其次为土壤含水量，温度与土壤含水量与优势菌群子囊菌门（Ascomycota）、Unidentified 菌纲、粪壳菌纲（Sordariomycetes）、Unidentified 菌科以及 *Unidentified* 菌属、镰刀菌属（*Fusarium*）间呈正相关关系。

此外，门、纲水平下，CS6000 与 CS9000 处理下样本点相对集中（图 3-16A、3-16B），科、属水平下仅 CS6000 处理下样本点相对集中，集中点表示

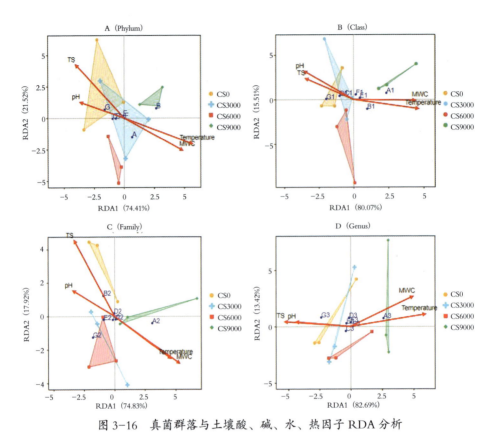

图 3-16　真菌群落与土壤酸、碱、水、热因子RDA分析

Fig. 3-16 RDA analysis of fungal community and soil acid, alkali, water and heat factors

　　注：红色带箭头线段表示环境因子，线段越长表示影响越大；蓝色圆点表示样本群落，其中，A、B、C、D、E、F、G分别代表子囊菌门、球囊菌门、担子菌门、壶菌门、被孢霉门、未鉴定菌门、其他菌门；A1、B1、C1、D1、E1、F1、G1分别依次代表未鉴定菌纲、粪壳菌纲、球囊菌纲、盘菌纲、座囊菌纲、伞菌纲、其他菌纲；A2、B2、C2、D2、E2、F2、G2分别依次代表未鉴定菌科、毛壳菌科、丛赤壳科、毛球壳科、火丝菌科、球囊霉科、其他菌科；A3、B3、C3、D3、E3、F3、G3分别依次代表未鉴定菌属、镰刀菌属、毛葡孢属、近明囊霉属、被孢霉属、囊壶菌属、其他菌属。

　　Note：Red segment represents environmental factors, the longer the segment, the greater the impact；Blue dots represent sample communities, where A, B, C, D, E, F, G respectively represent Ascomycota, Glomeromycota, Basidiomycota, Chytridiomycota, Mortierellomycota, Unidentified, Others；A1, B1, C1, D1, E1, F1, G1 respectively represent U-nidentified, Sordariomycetes, Glomeromycetes, Pezizomycetes, Dothideomycetes, gari-comycetes, Others；A2, B2, C2, D2, E2, F2, G2 respectively represent Unidentified, Chaetomiaceae, Nectriaceae, Lasiosphaeriaceae, Pyronemataceae, Glomeraceae, Others；A3, B3, C3, D3, E3, F3, G3 respectively represent *Unidentified*, *Fusarium*, *Botryotrichum*, *Claroideoglomus*, *Mortierella*, *Phlyctochytrium*, *Others*.

同一处理的样品群落结构相似度较高，且各处理下样本点相对 CS0 处理明显不同（图 3-16C、3-16D），由此可见，粉碎秸秆还田处理改变了土壤真菌群落结构，而 CS6000 处理下样本相对稳定地改变群落结构。

三、讨论

（一）粉碎秸秆还田量对土壤碳排放及碳平衡的影响

土壤在微生物作用下，通过异养呼吸会向大气中释放 CO_2，是生态系统碳循环的重要进程，也是土壤碳向外界环境输出的主要途径之一 [33]。秸秆还田是目前学界公认的一种固碳减排农艺改良措施，其可为土壤呼吸提供大量的碳源，同时，还田量和还田形态会明显影响土壤有机碳的矿化，进而对土壤碳排放产生重要变化 [34]。赵亚丽等 [35] 则研究表明，粉碎秸秆还田集合深耕措施下作物生长季的土壤呼吸速率明显加快，提高了土壤 CO_2 排放量；余坤等 [36] 研究表明氨化粉碎秸秆还田后有助于提高秸秆腐解速率，进一步加快土壤碳排放，呼吸速率相比覆盖还田可显著提高 109.66%~170.13%；本研究结果表明粉碎秸秆还田量 6 000 kg/hm²、9 000 kg/hm² 处理显著增加土壤 CO_2排放量，这与赵亚丽、余坤等人的研究结果相一致。Bremer 等[37] 研究发现，颗粒秸秆还田会降低 CO_2 排放量。而本研究与 Bremer 等研究结果有所差别，分析原因可能是<5 cm 的粉碎秸秆还田后由于体积小，容易被土壤中黏粒吸附，轻易不会被微生物分解利用，进而降低了土壤CO_2排放量。

本研究表明粉碎秸秆还田量 6 000 kg/hm² 处理能显著提高净初级生产力固碳量，其主要原因为粉碎秸秆还田后降低了土壤全盐含量，减轻土壤环境渗透压，提高了作物对养分离子吸收，再者，粉碎秸秆还田后经微生物作用形成的腐殖酸与土壤钙镁离子形成水稳性团聚体 [38]，改善了砂壤土物理结构，提高了土壤保水能力，有效地抑制土壤水分损耗，为作物生长创造了良好环境，这两点都在本研究得到证实。净生态系统生产力固碳量（CNEP）表明陆地生态系统的源汇关系问题，CNEP 如果为正值，则认为该生态系统为大气 CO_2 的"汇"，反之，则该生态系统为大气 CO_2 的"源" [31]。本研究表明，还田量 6 000 kg/hm² 处理与 3 000 kg/hm² 处理下净生态系统生产力固碳量为大气 CO_2 的"汇"，而还田量 9 000 kg/hm² 处理下净生态系统生产力固碳量为大气 CO_2 "源"。分析原因为高量秸秆还田下土壤孔隙通道增加，增加了土壤碳排放量，土壤异养呼吸释放碳随之增加；同时，鉴于当地气候特征，秸秆在土壤中腐解较慢，且在土壤微生物作用下，消耗大量氮源，降低了养分输送量，导致提升净初级生产力固碳量效果不佳，导致成为大气 CO_2 "源"。通过碳平衡收支计算得出，粉碎秸秆还田由于自身有机碳输入，从而表现出极强的碳汇特征，而未还田处理因无外源碳输入，从而打破碳平衡，由此可见，粉碎秸秆还田能够提高农田生态系统碳平衡，推荐还田量 6 000 kg/hm² 处理。

（二）粉碎秸秆还田量对土壤真菌群落多样性的影响

土壤真菌微生物作为土壤生态系统中活跃成分，参与动、植物残体的分解，成为土壤中氮、碳循环不可缺少的动力，其多样性越高，越有利于维持土壤生态平衡 [39]。辛励等 [40] 通过连续 6 年对莱阳潮土区长期定位秸秆还田试验认为秸秆还田可有效地改善土壤微生态，进而间接提高了土壤肥力；Li 等 [41] 研究表明水稻秸秆腐解过程中真菌物种丰富度与多样性明显增加；张翰林等 [42] 依据 7 年稻麦轮作长期定位监测试验表明秸秆还田措施下，子囊菌门的相对丰富度增幅较大；Zhao 等 [43] 研究结果表明，秸秆还田增加了土壤真菌群落 Chao1 指数，真菌群落组成中子囊菌门（Ascomycota）的相对丰富度均显著增加，而本试验也得到相同研究结果，还田量 6 000 kg/hm² 处理下 S_{chao1} 指数、$H_{shannon}$ 指数明显增加，群落组成中子囊菌门为优势菌群，有效地促进土体中的纤维素降解。被孢霉属（Mortierella）作为土壤碳及养分转化的关键微生物成员，对于溶解土壤固定磷元素具有良好效果。李红宇等 [44] 研究发现随秸秆还田量增加，被孢霉属（Mortierella）的相对丰富度呈增加的趋势，而本试验研究表明，还田量 3 000 kg/hm²、6 000 kg/hm² 处理下被孢霉属（*Mortierella*）的相对丰富度明显增加，而还田量 9 000 kg/hm² 处理反而降低了该菌属的相对丰富度，分析原因可能为：被孢霉属为腐生型真菌，依靠土壤有机物料汲取养分生长，在适量的还田内其相对丰富度明显增加，而过量秸秆因其碳源较多，微生态物质循环下消耗土壤大量氮源，降低了该菌属能量动力来源，从而导致丰富度有降低趋势 [45]。

（三）粉碎秸秆还田量对土壤碳平衡和真菌群落结构组成的影响因素分析

粉碎秸秆还田量通过对土壤全盐、pH、含水量及温度的影响而间接影响土壤碳平衡与真菌群落结构组成。其中，碳平衡与土壤关键因子相关性分析发现，土壤温度与含水量与碳排放量间存在显著正相关（$p<0.05$），这主要由于温度、水分增加土壤 CO_2 排放速率；而土壤 pH 与碳平衡间存在极显著负相关（$p<0.01$），不利于农田生态系统碳平衡维持。本研究采用RDA对各处理下的土壤真菌群落进行门、纲、科、属多维尺度分析，结果发现：土壤温度对群落结构组成影响最大，其次为土壤含水量，且二者关键因子与优势菌群子囊菌门（Ascomycota）、Unidentified 菌纲、粪壳菌纲（Sordariomycetes）、Unidentified 菌科以及 *Unidentified* 菌属、镰刀菌属（*Fusarium*）间呈正相关关系。而粉碎秸秆还田可有效增加土壤含水量且提高土壤温度，证实了其为微生物群落活动提供良好环境，促进优势菌群繁殖 [46]。

四、结论

相比未还田处理，粉碎秸秆还田处理能有效降低土壤全盐含量，提高土壤温度，且对土壤碳排放产生显著影响，其中，CS9000 处理在土壤抑盐、增温方面效果明显，同时，该处理显著增加碳排放量与微生物异养呼吸碳，造成土壤碳损失。还田 6 000 kg/hm² 处理下净初级生产力相比未还田处理可显著增加 61.33%，且该处理显著提高净生态系统生产力与土壤碳平衡，表现为大气 CO_2 的"汇"，增加土壤碳库储量。同时，还田量 6 000 kg/hm² 处理也能显著提高土壤真菌 S_{chao1}、$H_{shannon}$ 指数，且对子囊菌门（Ascomycota）、粪壳菌纲（Sordariomycetes）、被孢霉属（Mortierella）、镰刀菌属（Fusarium）优势群落有明显增加效果。另外，相关性及 RDA 分析表明，土壤含水量、pH 对土壤碳排放及碳平衡影响较大，而温度与真菌群落结构组成关系密切。因此，从盐碱地土壤碳汇与真菌群落丰富度、多样性角度考虑，还田量 6 000 kg/hm² 处理效果最佳。但本试验因考虑土壤碳氮比平衡而引入不同氮肥用量，因此，仍需在下一步工作补充碳氮交互对碳平衡和真菌群落多样性的影响机制。

参考文献

[1] 杨劲松，姚荣江，王相平，等. 中国盐渍土研究：历程、现状与展望 [J]. 土壤学报，2022，59（1）：10-27.

YANG J S, YO R J, WANG X P, et al. Research on salt-affected soils in China: history, status quo and prospect [J]. *Acta Pedologica Sinica*, 2022, 59（1）: 10-27.

[2] 刘涛. 宁夏引黄灌区盐碱荒地水肥盐与植物根系调控技术研究 [D]. 北京：北京林业大学，2020.

LIU T. The control techniques of water-nutrient-salt and plant root in a saline-alkali wasteland of Ningxia Irrigation Area [D]. Beijing: *Beijing Forestry University*, 2020.

[3] 郭军成，王明国，耿荣，等. 宁夏银北灌区盐碱地盐渍化特征分析 [J]. 中国农学通报，2021，37（5）：38-42.

GUO J C, WANG M G, GENG R, et al. Salinity characteristics analysis of saline-alkali soil in Yinbei Irrigation district of Ningxia [J]. *Chinese A-*

gricultural Science Bulletin，2021，37（5）：38-42.

[4]　张叶叶，莫非，韩娟，等.秸秆还田下土壤有机质激发效应研究进展 [J].土壤学报，2021，58（6）：1381-1392.

ZHANG Y Y, MO F, HAN J, *et al*. Research progress on the native soil carbon priming after straw addition [J]. *Acta Pedologica Sinica*，2021，58（6）：1381-1392.

[5]　丛萍，逄焕成，王婧，等.粉碎与颗粒秸秆高量还田对黑土亚耕层土壤有机碳的提升效应 [J].土壤学报，2020，57（4）：811-823.

CONG P, PANG H C, WANG J, *et al*. Effect of returning chopped and pelletized straw at a high rate enhancing soil organic carbon in subsoil of-farmlands of blacksoil [J]. *Acta Pedologica Sinica*，2020，57（4）：811-823.

[6]　李磊，樊丽琴，吴霞，等.秸秆还田对盐碱地土壤物理性质、酶活性及油葵产量的影响 [J].西北农业学报，2019，28（12）：1997-2004.

LI L, FAN L Q, WU X, *et al*. Effects of straw returning to field on physi-cal properties，enzyme activity of saline alkali soil and yield of oil sunflower [J]．*Acta Agriculturae Boreali-occidentalis Sinica*，2019，28（12）：1997-2004.

[7]　曾莉.不同氮肥用量下潮土中秸秆分解过程及其微生物多样性研究 [D].西南大学，2021.

CENG L. Decomposition process and microbial diversity of straw in a flu-vo-aquic soil under different nitrogen application rates [D]. *Southwest U-niversity*，2021.

[8]　石祖梁，贾涛，王亚静，等.我国农作物秸秆综合利用现状及焚烧碳排放估算 [J].中国农业资源与区划，2017，38（9）：32-37.

SHI Z L, JIA T, WANG Y J, *et al*. Comprehensive utilization status of crop straw and estimation of carbon from incineration in China [J]. *Chinese Journal of Agricultural Resources and Regional Planning*, 2017, 38 (9): 32-37.

[9] 马铭婧, 郗凤明, 尹岩, 等. 碳中和视角下秸秆处置方式对碳源汇的贡献 [J]. 应用生态学报, 2022, 33 (5): 1331-1339.

MA M J, XI F M, YIN Y, *et al*. Contribution of straw disposal to carbon source and sink under the framework of carbon neutrality [J]. *Chinese Journal of Applied Ecology*, 2022, 33 (5): 1331-1339.

[10] CHEN Z, WANG H, LIU X, *et al*. Changes in soil microbial community and organic carbon fractions under short-term straw return in a rice-wheat cropping system [J]. *Soil and Tillage Research*, 2017, 165: 121-127.

[11] 刘晓永, 李书田. 中国秸秆养分资源及还田的时空分布特征 [J]. 农业工程学报, 2017, 33 (21): 1-19.

LIU X Y, LI S T. Temporal and spatial distribution characteristics of crop straw nutrient resources and returning to farmland in China [J]. *Transactions of the Chinese Society of Agricultural Engineering*, 2017, 33 (21): 1-19.

[12] SONG X L, SUN R J, CHEN W F, *et al*. Effects of surface straw mulching and buried straw layer on soil water content and salinity dynamics in saline soils [J]. *Canadian Journal of Soil Science*, 2019, 100 (1): 1-11.

[13] 张宏媛, 逄焕成, 宋佳珅, 等. 亚表层有机培肥调控盐渍土孔隙结构与水盐运移机制 [J]. 农业机械学报, 2022, 53 (2): 355-364.

ZHANG H Y, PANG H C, SONG J K, *et al*. Effects of pore structure and water salt movement for saline soil under subsurface organic amendment [J]. *Transactions of the Chinese Society of Agricultural Machinery*, 2022, 53 (2): 355-364.

[14] WANG X, SUN B, MAO J D, *et al*. Structural convergence of maize and

wheat straw during two-year decomposition under different climate conditions. *Environmental Science and Technology*, 2012, 46 (12): 7159-7165.

[15] 谢佳贵, 侯云鹏, 尹彩侠, 等. 施钾和秸秆还田对春玉米产量、养分吸收及土壤钾素平衡的影响 [J]. 植物营养与肥料学报, 2014, 20 (5): 1110-1118.

XIE J G, HOU Y P, YIN C X, *et al*. Effect of potassium application and straw returning on spring maize yield, nutrient absorption and soil potassium balance [J]. *Journal of Plant Nutrition and Fertilizers*, 2014, 20 (5): 1111-1119.

[16] 宋大利, 侯胜鹏, 王秀斌, 等. 中国秸秆养分资源数量及替代化肥潜力 [J]. 植物营养与肥料学报, 2018, 24 (1): 1-21.

SONG D L, HOU S P, WANG X B, *et al*. Nutrient resource quantity of crop straw and its potential of substituting [J]. *Journal of Plant Nutrition and Fertilizers*, 2018, 24 (1): 1-21.

[17] 石琳, 金梦灿, 单旭东, 等. 不同形态氮素对玉米秸秆腐解与养分释放的影响 [J]. 农业资源与环境学报, 2021, 38 (2): 277-285.

SHI L, JIN M C, SHAN X D, *et al*. Influences of different forms of nitrogen fertilizer on the decomposition and release of nutrients from corn straw residue [J]. *Journal of Agricultural Resources and Environment*, 2021, 38 (2): 277-285.

[18] GUO L J, ZHANG Z S, WANG D D, *et al*. Effects of short-term conservation management practices on soil organic carbon fractions and microbial community composition under a rice-wheat rotation system [J]. *Biology & Fertility of Soils*, 2015, 51 (1): 65-75.

[19] SUN R, DSOUZA M, GILBERT J A, *et al*. Fungal community composi-

tion in soils subjected to long-term chemical fertilization is most influenced by the type of organic matter [J]. *Environmental Microbiology*, 2016, 18 (12): 5137-5150.

[20] 于寒, 梁炬赫, 张玉秋, 等. 不同秸秆还田方式对玉米根际土壤微生物及酶活性的影响 [J]. 农业资源与环境学报, 2015, 32 (3): 305-311.

YU H, LIANG X H, ZHANG Y Q, *et al*. Effects of different straw returning modes on the soil microorganism and enzyme activity in corn field [J]. *Journal of Agricultural Resources and Environment*, 2015, 32 (3): 305-311.

[21] LOU Y, LIANG W, XU M, *et al*. Straw coverage alleviates seasonal variability of the topsoil microbial biomass and activity [J]. *Catena*, 2011, 86 (2): 117-120.

[22] WANG J, ZHANG H, LI X, *et al*. Effects of tillage and residue incorporation on composition and abundance of microbial communities of a fluvo-aquic soil [J]. *European Journal of Soil Biology*, 2014, 65: 70-78.

[23] 李鹏, 李永春, 史加亮, 等. 水稻秸秆还田时间对土壤真菌群落结构的影响 [J]. 生态学报, 2017, 37 (13): 4309-4317.

LI P, LI Y C, SHI J L, *et al*. Rice straw return of different decomposition days altered soil fungal community structure [J]. *Acta Ecologica Sinica*, 2017, 37 (13): 4309-4317.

[24] 萨如拉, 杨恒山, 邰继承, 等. 玉米秸秆还田对盐碱地土壤真菌多样性的影响 [J]. 土壤通报, 2017, 48 (4): 937-942.

SA R L, YANG H S, TAI J C, *et al*. Effect of Maize straw returning on soil fungal diversity in saline alkali Soil [J]. *Chinese journal of soil science*, 2017, 48 (4): 937-942.

［25］卢培娜. 菌肥与腐熟秸秆对盐碱地燕麦土壤微生态环境的调控机制 ［D］. 内蒙古农业大学，2021.

LU P N. Regulatory mechanism of bio-fertilizer and rotten straw on soil microecological environment of oat in a saline-alkaline land ［D］. *Inner Mongolia Agricultural University*，2021.

［26］王维钰. 秸秆周年投入与施肥对小麦—玉米轮作温室气体排放效应及农田生产力的影响 ［D］. 西北农林科技大学，2019.

WANG W Y. Impact of annual straw management and fertilizer on agriculture ecosystem greenhouse gas emissions and productivity in wheat-maize rotation system ［D］. *Northwest A & F University*，2019.

［27］任立军，赵文琪，李金，等. 不同施肥模式对设施土壤CO_2排放特征及碳平衡的影响 ［J］. 土壤通报，2022，53（04）：874-881.

REN L J, ZHAO W Q, LI J, *et al*. Characteristics of soil CO_2 emission and carbon balance in greenhouse soil under different fertilization patterns ［J］. *Chinese Journal of Soil Science*，2022，53（4）：874-881.

［28］鲍士旦. 土壤农化分析 ［M］. 北京：中国农业出版社，2000.

BAO S D. Soil agrochemical analysis ［M］：Beijing，*China agricalatural press*，2000.

［29］李酉开. 土壤农化分析结果计算式的正确表达 ［J］. 土壤通报，2000，31（6）：275-276.

LI Y K. Correct expression of calculation formula for soil agrochemical analysis results ［J］. *Journal of Soil Science*，2000，31（6）：275-276.

［30］周永杰，谢军红，李玲玲，等. 长期少免耕与氮肥减量对全膜双垄沟播玉米产量及碳排放的调控作用 ［J］. 中国农业科学，2021，54（23）：5054-5067.

ZHOU Y J, XIE J H, LI L L, *et al.* Effects of long-term reduce/zero tillage and nitrogen fertilizer reducing on maize yield and soil carbon emission under fully plastic mulched ridge-furrow planting system [J]. *Scientia Agricultura Sinica*, 2021, 54 (23): 5054-5067.

[31] WOODWELL G M, WHITTAKER R H, REINERS W A, *et al.* The biota and the world carbon budget [J]. *Science*, 1978, 199 (4325): 141-146.

[32] KUZYAKOV Y. Separating microbial respiration of exudates from rootres piration innon-sterilesoils: acomparison of four methods [J]. *Soil Biol-ogyand Biochemistry*, 2002, 34: 1621-1631.

[33] 陈少鹏, 段跃芳. 中国农业碳效应研究的现状、热点与趋势 [J]. 地球科学进展, 2023, 38 (1): 86-98.
CHEN S P, DUAN Y F. Research on status, focus, and developing trend of agricultural carbon effect in China [J]. *Advance in Earth Sciences*, 2023, 38 (1): 86-98.

[34] 王小彬, 武雪萍, 赵全胜, 等. 中国农业土地利用管理对土壤固碳减排潜力的影响 [J]. 中国农业科学, 2011, 44 (11): 2284-2293.
WANG X B, WU X P, ZHAO Q S, *et al.* Effects of cropland-use management on potentials of soil carbon sequestration and carbon emission mitigation in China [J]. *Scientia Agricultura Sinica*, 2011, 44 (11): 2284-2293.

[35] 赵亚丽, 薛志伟, 郭海斌, 等. 耕作方式与秸秆还田对土壤呼吸的影响及机理 [J]. 农业工程学报, 2014, 30 (19): 155-165.
ZHAO Y L, XUE Z W, GUO H B, *et al.* Effects of tillage methods and straw returning on soil respiration and its mechanism [J]. *Transactions of the*

Chinese Society of Agricultural Engineering，2014，30（19）：155−165.

[36] 余坤，冯浩，赵英，等.氨化秸秆还田加快秸秆分解提高冬小麦产量和水分利用效率［J］.农业工程学报，2015，31（19）：103−111.

YU K，FENG H，ZHAO Y，*et al*. Ammoniated straw incorporation promoting straw decomposition and improving winter wheat yield and water use efficiency［J］. *Transactions of the Chinese Society of Agricultural Engineering*，2015，31（19）：103−111.

[37] B REMER E，VAN H W，VAN K C. Carbon dioxide evolution from wheat and lentil residues as affected by grinding，added nitrogen，and the absence of soil　［J］. *Biology and Fertility of Soils*，1991，11：221−227.

[38] 宋依依，曹阳，段鑫盈，等.秸秆还田深度对土壤团聚体组成及有机碳含量的影响［J］.土壤，2022，54（2）：344−350.

SONG Y Y，CAO Y，DUAN X Y，*et al*. Effects of different straw−Returning depths on soil aggregate composition and organic carbon distribution ［J］. *Soil*，2022，54（2）：344−350.

[39] 曹云，孙应龙，姜月清，等.黄河流域净生态系统生产力的时空分异特征及其驱动因子分析［J］.生态环境学报，2022，31（11）：2101−2110.

CAO Y，SUN Y L，JIANG Y Q，*et al*. Analysis on temporal−spatial variations and driving factors of net ecosystem productivity in the Yellow River Basin　［J］. *Ecology and Environmental Sciences*，2022，31（11）：2101−2110.

[40] 辛励，陈延玲，刘树堂，等.长期定位秸秆还田对土壤真菌群落的影响［J］.华北农学报，2016，31（5）：186−192.

CIN L，CHEN Y L，LIU S T，*et al*. Fungal community development of long−term straw returning soil［J］. *Journal of Agricultural Sciences*，2016，31

（5）：186-192.

[41] LI P, LI Y, ZHENG X, *et al*. Rice straw decomposition affects diversity and dynamics of soil fungal community, but not bacteria ［J］. *Journal of Soils & Sediments*, 2018, 18（1）：248-258.

[42] 张翰林，白娜玲，郑宪清，等. 秸秆还田与施肥方式对稻麦轮作土壤细菌和真菌群落结构与多样性的影响 ［J］. 中国生态农业学报，2021，29（03）：531-539.

ZHANG H L, BAI N L, ZHENG X Q, *et al*. Effects of straw returning and fertilization on soil bacterial and fungal community structures and diversities in rice -wheat rotation soil ［J］. *Chinese Journal of Eco -Agriculture*, 2021, 29（3）：531-539.

[43] ZHAO S, QIU S, XU X, *et al*. Change in straw decomposition rate and soil microbial community composition after straw addition in different long-term fertilization soils ［J］. *Applied Soil Ecology*, 2019, 138：123-133.

[44] 李红宇，王志君，范名宇，等. 秸秆连续还田对苏打盐碱水稻土养分及真菌群落的影响 ［J］. 干旱地区农业研究，2021，39（2）：15-23.

LI H J, WUANG Z J, FAN M Y, *et al*. Effects of continuous straw returning on nutrients of soda saline-alkaline paddy soil and fungal community ［J］. *Agricultural Research in the Arid Areas*, 2021, 39（2）：15-23.

[45] 宁琪，陈林，李芳，等. 被孢霉对土壤养分有效性和秸秆降解的影响 ［J］. 土壤学报，2022，59（1）：206-217.

NING Q, CHEN L, LI F, *et al*. Effects of mortierella on nutrient availability and straw decomposition in soil ［J］. *Acta Pedologica Sinica*, 2022, 59（1）：206-217.

[46] ZHANG M M, ZHAO G X, LI Y Z, *et al*. Straw incorporation with

ridge–furrow plastic film mulch alters soil fungal community and increases maize yield in a semiarid region of China ［J］. *Applied Soil Ecology*，2021，167：104038.

第四节　持续秸秆还田对土壤理化性质及玉米产量的影响

作物秸秆是传统农业生产土壤培肥方式所采用的一种重要有机肥源，秸秆还田不仅可以减少因焚烧而产生的温室气体，还能为土壤中的微生物提供丰富的碳源，刺激微生物活性，提高土壤肥力，被认为是秸秆资源利用中最经济且可持续的方式。近年来关于秸秆还田能够提升土壤有机质含量的报道较多，已经肯定其对增加和更新有机质和土壤质量的作用 [1-4]。秸秆还田不仅能够提高土壤肥力还能够改良土壤结构、增加微生物群落多样性，还具有一定的提高粮食产量的潜力 [2, 5]，同时还能作为化肥的补充甚至替代品改善因化肥的过度使用导致的土壤酸化、板结、地力衰退等问题 [6]。因此，大力推广秸秆还田技术对我国农业可持续发展、保护农田生态环境、保障粮食安全具有重要意义。

研究表明，作物秸秆在土壤中可以有效增加土壤的矿质态氮、全氮以及有机碳含量 [7, 8]，土壤氮是作物生长必需的矿质营养元素，其含量与粮食生产能力和生产潜力密切相关 [9-11]。充足的土壤氮含量不仅能够为植物提供养分，促进植物的生长，提高产量，还能维持土壤的生态稳定性，提高有机氮的比例，进而提高土壤肥力 [12, 13]。但是，由于秸秆主要由纤维素、半纤维素和木质素组成，还田需要配比氮素，否则可能会引起碳氮比失调和耕作困难等不同问题 [14]。因此，本文以玉米秸秆不同还田量为研究基础，开展秸秆还田长期定位试验，分析不同还田量对耕地土壤有机质、全氮、速效氮及玉米产量的影响，以期为干旱地区耕地地力培肥提供理论依据和技术支撑。

为探讨秸秆还田对耕地土壤理化性质及作物产量的影响，本研究以玉米秸秆还田为研究对象，在宁夏同心县河西镇农场村进行持续 4 年的秸秆还田试验，开展了不同还田量对土壤理化性质和玉米产量的影响研究，以期为宁夏耕地地力培肥提供理论依据和技术支撑。结果表明，秸秆还田有效降低土壤容重，增加土壤有机质、全氮含量，对碱解氮的提高也有一定的帮助，秸秆还田对土壤理化性质的影响随着土层深度的加深影响效果减弱；不同还田量对土壤容重和有机质的影响随着还田量的增加效果更为明显，但全氮和碱解氮与还田量关系不大；玉米累积产量随着还田量的增加而提高。综合本研究结果及宁夏干旱地区玉米秸秆生物量，宁夏干旱地区玉米秸秆还田量以 600 kg/667 m² 为宜。

一、试验材料与方法

（一）试验田基本情况

试验地设在吴忠市同心县河西镇农场村，土壤类型新积土，耕作制度为常年玉米，施肥量为 N 28 kg/667 m²、P_2O_5 12.5 kg/667 m²、K_2O 0.45 kg/667 m²。

（二）试验设计

试验还田秸秆材料为玉米秸秆，粉碎粒径为 3~5 cm，先浅旋耕使秸秆与表层土壤混合均匀，然后进行机深翻 30 cm 以上，入冬前按照 120 m³/亩灌足冬水，保持土壤湿润以促进秸秆腐熟，利于第二年春季播种。

试验设计 5 个处理，每个处理 3 次重复，试验小区面积为 60 m²。处理 1（R2）：200 kg/667 m²；处理 2（R4）：400 kg/667 m²；处理 3（R6）：600 kg/667 m²；处理 4（R8）：800 kg/667 m²；处理 5（R0）：0 kg/667 m²（CK）。

（三）试验数据测定与方法

2014—2017 年，每年在作物收获后（10 月上旬左右）进行土壤样品采集。按照 S 型采集每个小区 0~20 cm 和 20~40 cm 深度土壤，混合均匀后带回实验室风干。土壤基本理化性质测定方法参考土壤农化分析[15]，试验数据采用Excel 软件处理并绘图，采用 SPSS19.0 统计分析软件进行数据分析处理。

二、试验结果

（一）对土壤容重的影响

土壤容重是衡量土壤松紧状况的重要指标，直接影响土壤的通气性和作物的根系发育。不同量秸秆持续还田对 0~20 cm 耕层土壤容重的影响可以看出（表 3-12），R0、R2 和 R4 三个处理持续 3 年秸秆还田后土壤容重变化不大；R6、R8 处理持续秸秆还田 3 年土壤容重逐渐降低，特别是 R8 处理，土壤容重显著降低（$P \leqslant 0.05$）。

表 3-12　连续秸秆还田对 0~20 cm 耕层土壤容重的影响

Table 3-12 Effect of straw returning on soil bulk density of 0~20 cm plough layer

时间	R0	R2	R4	R6	R8
2014 年	1.29±0.02 a	1.30±0.06 a	1.29±0.02 a	1.29±0.04 ab	1.32±0.06 a
2015 年	1.33±0.03 a	1.33±0.02 a	1.33±0.01 a	1.32±0.02 a	1.30±0.01 ab
2016 年	1.30±0.02 a	1.35±0.09 a	1.30±0.03 a	1.21±0.06 b	1.26±0.06 b

表 3-13　连续秸秆还田对 20~40 cm 耕层土壤容重的影响

Table 3-13 Effect of straw returning on soil bulk density of 20~40 cm plough layer

时间	R0	R2	R4	R6	R8
2014 年	1.34±0.06 a	1.34±0.03 a	1.33±0.02 a	1.31±0.04 ab	1.34±0.03 a
2015 年	1.33±0.03 a	1.33±0.01 a	1.37±0.01 a	1.35±0.03 a	1.33±0.03 ab
2016 年	1.32±0.02 a	1.35±0.01 a	1.31±0.08 a	1.25±0.03 b	1.27±0.02 b

由表 3-13 可以看出，持续秸秆还田对 20~40 cm 土壤容重的影响同样表现为：R0、R2 和 R4 三个处理持续 3 年秸秆还田后土壤容重变化不大；R6、

R8 处理持续秸秆还田 3 年后土壤容重显著降低（$P \leq 0.05$）。说明随着秸秆还田量的增加，对土壤容重的影响逐渐明显，当还田量增加到 600 kg/667 m² 时，土壤容重在第 3 年出现显著变化。

（二）对土壤有机质的影响

不同量秸秆连续 4 年还田对 0~20 cm 耕层土壤有机质的影响如图 3-13 所示，4 种还田处理土壤有机质明显提高，对照处理试验开始第二年后土壤有机质出现下降趋势。从有机质含量增幅来看，R0、R2、R4、R6 和 R8 有机质含量分别提高了 2.79 g/kg、4.65 g/kg、4.5 g/kg、4.81 g/kg、6.22 g/kg，还田量 800 kg/667 m² 的处理有机质提高量最大，不还田的处理有机质提高最小。说明秸秆还田能够有效增加耕层土壤有机质含量，且随着还田量的增加，土壤有机质含量也在升高。

不同量秸秆还田对深层土壤有机质的影响则没有对浅层土壤的影响明显。从图 3-17 可以看出，对照处理同样在试验开始第二年有机质出现降低趋势；秸秆还田的 4 个处理中，R2、R4 和 R8 试验开始一年后有机质含量迅速提高，随后几年维持稳定；R6 处理则随着试验时间延长有机质呈现持续提高的趋势。说明秸秆还田对于提高深层土壤有机质含量同样具有一定的促进作用，但效果不如浅层土壤明显。

（三）对土壤全氮的影响

不同还田量秸秆连续 4 年还田对土壤全氮的影响如图 3-18 所示，可以看出秸秆还田处理土壤全氮年际变化较大，不论是 0~20 cm 还是 20~40 cm 土壤，年际间变化趋势表现一致，对照处理年际间变化差异较小；秸秆还田的 4 种处理土壤全氮均高于不还田处理，但不同还田量 4 年后土壤全氮的差异不大。从各处理 4 年的均值来看，0~20 cm 土壤中，R0、R2、R4、R6、R8 分别是 0.64 g/kg、0.78 g/kg、0.77 g/kg、0.78 g/kg 和 0.76 g/kg，与对照相比秸秆还田处理平均提高土壤全氮 18.7%~21.9%；20~40 cm 土壤中，R0、R2、

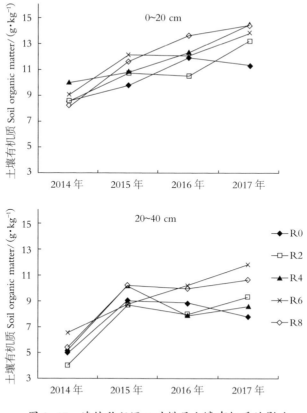

图 3-17 连续秸秆还田对耕层土壤有机质的影响

R4、R6、R8 分别是 0.56 g/kg、0.73 g/kg、0.68 g/kg、0.73 g/kg 和 0.63 g/kg，与对照相比秸秆还田处理平均提高土壤全氮 12.5%~30.4%。这一结果说明，秸秆还田能够促进土壤全氮含量的提高，但不同还田量对土壤全氮的影响不大。

（四）对土壤碱解氮的影响

碱解氮年际变化差异较大（图 3-19），总体呈现先降低后增高的趋势。0~20 cm 土壤秸秆还田 4 年后，土壤碱解氮最高的是 R2 处理，为 60.5 mg/kg，最低的是 R4 和 R0 处理，为 50.5 mg/kg，含量依次为 R2>R8>R6>R4=R0。从 4 年的平均值来看，R0、R2、R4、R6、R8 分别是 48.9 mg/kg、50.6 mg/kg、49.8 mg/kg、51.0 mg/kg 和 50.8 mg/kg，与对照相比秸秆还田处理平均提高土壤碱解氮 1.2%~2.3%。这一结果表明，秸秆还田能够对耕层碱解氮含量的提高

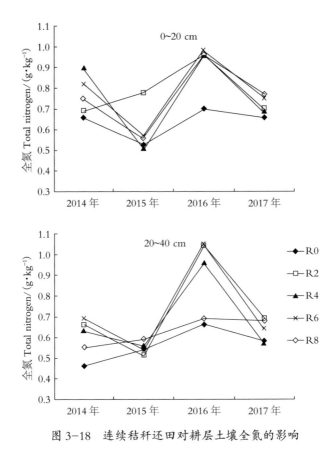

图 3-18 连续秸秆还田对耕层土壤全氮的影响

有一定的帮助，但不同还田量处理之间的差异较小。

20~40 cm 土壤还田 4 年后，土壤碱解氮含量较高的为 R6 和 R2 处理，其余 3 个处理之间的差异不明显。从 4 年的平均值来看，R0、R2、R4、R6、R8 分别是 39.5 mg/kg、44.9 mg/kg、38.3 mg/kg、41.1 mg/kg 和 43.9 mg/kg。说明随着土层深度的增加，秸秆还田对土壤碱解氮的影响减弱。

（五）对玉米产量的影响

为消除年际间降水量、温度等因素差异而引起的产量波动，采用 4 年的累积产量分析秸秆还田对玉米产量的影响[16]。结果表明（图 3-20），不同秸秆量还田对玉米籽粒累积产量存在一定影响，玉米籽粒累积产量较高的是 R6 和R8，分别是 386.3 kg 和 386.2 kg；R2 和 R4 处理累积产量居中，分别是

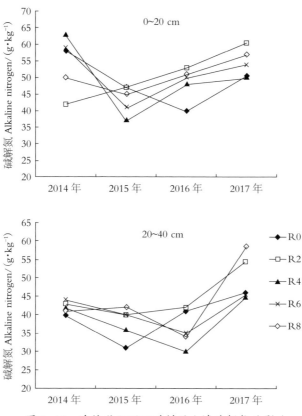

图 3-19 连续秸秆还田对耕层土壤碱解氮的影响

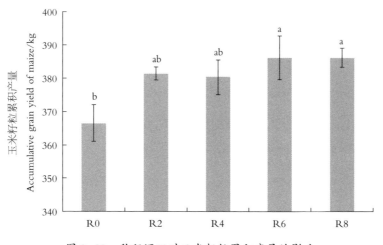

图 3-20 秸秆还田对玉米籽粒累积产量的影响

381.5 kg 和 380.5 kg；R0 处理累积产量最低，为 366.6 kg。与对照相比，R6 和 R8 处理累积产量显著提高（$p<0.05$），R2 和 R4 处理累积产量也有提高但差异不显著（$p>0.05$），4 种还田处理间差异不显著（$p>0.05$）。说明一定量的秸秆还田能够提高玉米产量，随着秸秆还田量的增加玉米产量也随之提高，当还田量超过 600 kg/667 m^2 后玉米产量不再增加，但不同量处理间差异不显著。

三、讨论与结论

农作物秸秆还田作为构建绿色、生态、可持续农业的重要举措，不仅能够增加土壤养分，培肥土壤，而且可增加土壤有机质含量，改善土壤理化性状，优化农田生态环境，提高作物产量与品质，被认为是一种有效的农田培肥措施 [17-19]。

（一）土壤容重

容重是农业生产中反映土壤物理性质的重要指标，是土壤松紧状况的度量，其在一定程度上能够反映土壤的总孔隙度、毛管孔隙度、通气孔隙度等通气透水条件，良好的土壤通气透水条件不仅能够促进土壤微生物的活动，而且能够增强土壤养分的转化，从而促进作物生长 [20, 21]，秸秆还田能够提高土壤孔隙度、降低土壤容重 [22-24]。本研究结果显示，不论是在 0~20 cm 土壤还是 20~40 cm 土壤，还田量为 600 kg/667 m^2 和 800 kg/667 m^2 的处理 3 年后容重显著降低，还田量 200 kg/667 m^2 和 400 kg/667 m^2 的处理土壤容重有所降低但差异不显著，说明秸秆还田对土壤容重的影响与还田量密切相关，这与蒋邵农研究结果是一致的 [25]。

（二）土壤有机质

有机质直接影响土壤的物理、化学及生物性质，是衡量土壤肥力高低的重要指标。大量研究表明，秸秆还田可以增加有机质的积累，提高土壤有机

质含量 [26-29]。本研究结果显示，0~20 cm 土壤中随着还田年限的延长土壤有机质含量在逐年增高，且随着还田量的增加有机质净增长量逐渐加大，不还田处理土壤有机质含量第 2 年出现下降趋势，这主要是因为作物根系主要分布于 0~20 cm 土壤中，每年作物生育期消耗了大量土壤养分，土壤中微生物活动消耗了大量有机碳，作物收获后没有弥补这种消耗，而秸秆还田后在土壤中分解后正好弥补了有机质的消耗 [30]。

秸秆还田对 20~40 cm 土壤有机质影响表现为，还田量 600 kg/667 m² 的处理随着时间的延长土壤有机质呈现升高趋势，其余 3 个处理第一年出现升高，以后变化不大，这可能是由于随着土层深度的变化，影响秸秆腐解的土壤微生物群落分布、湿度、孔隙度等发生变化，说明一定范围内，土壤有机质含量随着秸秆还田量的增加而增加，但存在一个因耕层深度 [31]、土壤类型、气候条件而异的最佳还田量 [32]。

（三）土壤氮素

研究发现，秸秆还田除了能够提供较多的有机质，还能显著增加土壤氮含量[33-36]。但这种增加作用与秸秆种类 [37]、秸秆被翻埋的深度 [38] 有关。本研究结果表明，与不还田处理相比秸秆还田能够提高土壤全氮，但与秸秆还田量的关系不大，且随着土壤深度加深对土壤全氮的影响在减弱，这与李华等的研究结果是一致的 [39]。

土壤碱解氮是作物吸收氮素的直接来源，可以直接反映土壤供氮能力，从碱解氮变化规律来看，各处理均呈现先降低然后升高的趋势，说明秸秆分解时被土壤微生物吸收利用了一部分氮再过了一段时间后又被释放出来，再加上秸秆中的氮也逐渐分解释放 [40]。研究表明秸秆还田能够增加土壤碱解氮的含量 [41, 42]，本研究结果表明秸秆还田能够增加一定量的土壤碱解氮，但增量较小。劳秀荣等 [43] 的研究表明，在化肥用量相同的情况下，随秸秆还田量的增加，土壤中碱解氮含量逐渐增加，两者间呈正相关，但本研究未得出相同的结论，因此秸秆还田对土壤碱解氮变化的影响与秸秆数量和时长之间的关系还有待进一步研究。

（四）玉米累积产量

一定量的秸秆可以显著提高作物产量 [30、44-46]。由于秸秆还田后，可以降低土壤容重从而利于作物根系生长和养分的吸收，同时秸秆还田能够有效增加土壤有机质及其他养分含量，为提高作物产量奠定基础。本研究结果显示秸秆还田能够促进玉米产量的增加，与对照相比秸秆还田 600kg/亩以上能够显著提高累积产量。

四、结论

综上所述，秸秆还田能够有效降低土壤容重，增加土壤有机质和全氮，对碱解氮含量的提高也有一定促进作用；不同还田量对土壤容重和有机质的影响随着还田量的增加效果更为明显，但对全氮和碱解氮的影响与还田量关系不大；秸秆还田对土壤理化性质的影响随着土层深度的加深影响效果在减弱；一定量的秸秆还田能够显著提高玉米籽粒累积产量。因此，综合本研究结果及宁夏玉米秸秆生物量，建议宁夏旱作农业区秸秆还田量以 600 kg/667 m² 为宜。

参考文献

[1] 陈尚洪，朱钟麟，刘定辉，等.秸秆还田和免耕对土壤养分及碳库管理指数的影响研究 [J].植物营养与肥料学报，2008，14（4）：806-809.

[2] 潘剑玲，代万安，尚占环，等.秸秆还田对土壤有机质和氮素有效性影响及机制研究进展 [J].中国生态农业学报，2013，21（5）：526-535.

[3] 杨滨娟，黄国勤，钱海燕.秸秆还田配施化肥对土壤温度、根际微生物及酶活性的影响 [J].土壤学报，2014，51（1）：150-157.

［4］ CHEN X F，Li Z P，LIU M，*et al.* Microbial community an dfunctional diversity associated with different aggregate fractions of a paddy soil fertilized with organic manure and/or NPK fertilizer for 20 years ［J］. *Journal of Soils and Sediments*，2015，15（2）：292-301.

［5］ Cao Y，Yang B，Song Z，*et al.* Wheat straw biochar amendments on the removal of polycyclic aromatic hydrocarbons （PAHs） in contaminated soil ［J］. *Ecotoxicology and Environmental Safety*，2016，130：248-255.

［6］ 郝翔翔，杨春葆，苑亚茹，等. 连续秸秆还田对黑土团聚体中有机碳含量及土壤肥力的影响 ［J］. 中国农学通报，2013，29（35）：263-269.

［7］ Guenet B，Juarez S，Bardoux G，*et al.* Evidence that stable C is as vulnerable to priming effect as is more labile C in soil ［J］. *Soil Biology & Biochemistry*，2012，52：43-48.

［8］ Cely P，Gascó G，Paz-Ferreiro J，*et al.* Agronomic properties of biochars from different manure wastes ［J］. *Journal of Analytical& Applied Pyrolysis*，2015，111：173-182.

［9］ JU X T，XING G X，CHEN X P，*et al.* Reducing environmental risk by improving N management in intensive Chinese agricultural systems ［J］. *Proceedings of the National Academy of Sciences of the United States of America*，2009，106（9）：3041-3046.

［10］ MULVANEY R L，KHAN S A，ELLSWORTH T R. Synthetic nitrogen fertilizers deplete soil nitrogen: A global dilemma for sustainable cereal production ［J］. *Journal of Environmental Quality*，2009，38（6）：2295-2314.

［11］ 朱兆良，金继运. 保障我国粮食安全的肥料问题 ［J］. 植物营养与肥料学报，2013，19（2）：259-273.

［12］ 郝晓晖，胡荣桂，吴金水，等. 长期施肥对稻田土壤有机氮、微生物生

物量及功能多样性的影响 [J] . 应用生态学报，2010，21（6）：1477-1484.

[13] GENTILE R，VANLAUWE B，CHIVENGE P，*et al.* Tradeoffs between the short and long term effects of residue quality on soil C and N dynamics [J] . *Plant and Soil*，2011，338（12）：159-169.

[14] 唐玉霞，孟春香，贾树龙，等.不同碳氮比肥料组合对肥料氮生物固定、释放及小麦生长的影响 [J] . 中国生态农业学报，2007，15（2）：37-40.

[15] 鲍士旦.土壤农化分析 [M] . 3 版.北京：中国农业出版社，2000.

[16] 俄胜哲，丁宁平，李利利，等.黄土高原黑垆土施肥的作物累积产量及土壤肥力贡献 [J] . 土壤学报，2019，56（01）：195-206.

[17] 吴菲.玉米秸秆连续多年还田对土壤理化性状和作物生长的影响 [D] . 北京：中国农业大学，2005.

[18] 张婷，张一新，向洪勇.秸秆还田培肥土壤的效应及机制研究进展 [J] . 江苏农业科学，2018，46（3）：14-20.

[19] 武志杰，张海军，许广山，等.玉米秸秆还田培肥土壤的效果 [J] . 应用生态学报，2002，13（5）：539-542.

[20] 庄恒扬，刘世平，沈新平，等.长期少免耕对稻麦产量及土壤有机质与容重的影响 [J] . 中国农业科学，1999，32（4）：39-44.

[21] 徐永刚，马强，周桦，等.秸秆还田与深松对土壤理化性状和玉米产量的影响 [J] . 土壤通报，2015，26（2）：428-432.

[22] 孙皓，刘群松.大力推广秸秆还田改善农业生态环境 [J] . 当代生态农业，1999，3：47-49.

[23] 李新举，张志国.秸秆覆盖与秸秆翻压还田效果比较 [J] . 国土与自然资源研究，1999，1：43-45.

[24] Guo Z，Wang D Z. Long term effects of returning wheat straw to croplands

on soil compaction and nutrient availability under conventional tillage ［J］. *Plant Soil and Environment*，2013，59（6）:280-286.

[25] 蒋邵农，刘传桃，陈琦，等.稻草还田量对土壤肥力和水稻生产的影响 ［J］.湖南农业科学，2001，2：29-30.

[26] 马永良，师宏奎，张书奎，等.玉米秸秆整株全量还田土壤理化性状的变化及其对后茬小麦生长的影响 ［J］.中国农业大学学报，2003，8（1）：42-46.

[27] 汪金平，何圆球，柯建国，等.厢沟免耕秸秆还田对作物及土壤的影响 ［J］.华中农业大学学报，2006，25（2）：123-127.

[28] 蔡晓布，钱成，张元，等.西藏中部地区退化土壤秸秆还田的微生物变化特征及其影响 ［J］.应用生态学报，2004，15（3）：463-468.

[29] 张鹏，李涵，贾志宽，等.秸秆还田对宁南旱区土壤有机碳含量及土壤碳矿化的影响 ［J］.农业环境科学学报，2011，30（12）：2518-2525.

[30] 张聪，慕平，尚建明.长期持续秸秆还田对土壤理化特性、酶活性和产量性状的影响 ［J］.水土保持学报，2018，25（1）：92-98.

[31] Tursic I，Husnjak S，Zalac S. Soil compaction as one of the causes of lower tobacco yields in the republic of Croatia ［J］. *Cereal Research Communications*，2008，36：687-690.

[32] Chen G，Weil R R. Root growth and yield of maize as affected by soil compaction and cover crops ［J］. Soil and Tillage Research，2011，117（11）：17-27.

[33] 田平，姜英，孙悦，等.不同还田方式对玉米秸秆腐解及土壤养分含量的影响 ［J］.中国生态农业学报，2019，27（01）：00-108.

[34] 刘世平，聂新涛，张洪程，等.稻麦两熟条件下不同土壤耕作方式与秸秆还田效用分析 ［J］.农业工程学报，2006，22（7）：48-51.

[35] 李孝勇，武际，朱宏斌，等.秸秆还田对作物产量及土壤养分的影响 [J].安徽农业科学，2004，31（5）：870-871.

[36] 洪春来，魏幼璋，黄锦法，等.秸秆全量直接还田对土壤肥力及农田生态环境的影响研究 [J].浙江农业大学学报，2004，29（6）：627-633.

[37] 高亚军，朱培立，黄东迈，等.稻麦轮作条件下长期不同土壤管理对有机质和全氮的影响 [J].土壤与环境，2009（1）：27-30.

[38] 谭德水，金继运，黄绍文，等.长期施钾与秸秆还田对华北潮土和褐土区作物产量及土壤钾素的影响 [J].植物营养与肥料学报，2008，14（1）：106-112.

[39] 李华，刘世平，陈畅，等.连续免耕与秸秆还田对土壤养分含量的影响 [J].江苏农业科学，2018，46（15）：237-241.

[40] 孙聪姝，王兆荣，金明花，等.长期培肥定位试验耗竭阶段各培肥物质对土壤氮库持续效应的研究 [J].东北农业大学学报，1998，29（3）：209-218.

[41] 董林林，王海侯，陆长婴，等.秸秆还田量和类型对土壤氮及氮组分构成的影响 [J].应用生态学报，2019，30（4）：1143-1150.

[42] 丛艳静，韩萍.连续3年玉米秸秆还田对土壤理化性状及作物产量的影响 [J].中国农学通报，2018，34（17）：95-98.

[43] 劳秀荣，孙伟红，王真，等.秸秆还田与化肥配合施用对土壤肥力的影响 [J].土壤学报，2003，40（4）：618-622.

[44] 武际，郭熙盛，鲁剑巍，等.水旱轮作制下连续秸秆覆盖对土壤理化性质和作物产量的影响 [J].植物营养与肥料，2012，18（3）：587-594.

[45] 胡雅杰，朱大伟，邢志鹏，等.改进氮肥运筹对水稻产量和氮素吸收利用的影响 [J].植物营养与肥料，2015，21（1）：12-22.

[46] 刘禹池，曾祥忠，冯文强，等.稻-油轮作下长期秸秆还田与施肥对作物

产量和土壤理化性状的影响 [J] . 植物营养与肥料，2014，20（6）：1450-1459.

第五节 盐碱地土壤微生物特性及油葵产量对种植方式的响应

宁夏地处西北内陆，典型的干旱、半干旱地区，近年来，引黄灌区的土壤盐渍化与次生盐渍化问题备受关注 [1, 2]。

盐碱地改良集中了水利工程、化学、生物、农艺等措施，在众多改良措施中，农艺改良因其成本低廉、因地制宜、生态环保的特点而深受农民青睐[3]。科学合理的农艺措施不仅能改造土壤结构，而且能积极提高作物产量[4]。其中，起垄覆膜措施在北方作物种植过程中行之有效，第一，能有效地集雨补墒，抑制盐分表聚，为作物生长提供良好的土壤环境 [5, 6]；第二，起垄会引起土壤微生物的变化，而微生物在植物残体降解、腐殖质形成及养分转化与循环中扮演十分重要的角色 [7]；第三，起垄覆膜措施也会影响土壤中的生物催化剂-土壤酶 [8-11]，李勇军 [12] 等研究认为垄作相比平作可以提高土壤磷酸酶与过氧化氢酶活性；李旺霞 [13]、张剑 [14] 等结合起垄与覆膜措施发现，土壤酶活性均以全覆膜垄膜沟播模式最好。

目前，起垄覆膜措施在盐碱地改良利用过程中越来越受重视 [15]，但其对土壤微生物特性的影响还鲜有报道。不同种植方式对银北盐碱地土壤微生物结构及酶活性的影响是否有差别？土壤细菌群落与关键土壤环境因子耦合关系是什么？基于上述问题，本试验建立平作侧播、平膜侧播、垄作沟播、垄膜沟播 4 种不同种植方式，研究其对土壤 pH、全盐、土壤含水率、酶活性及产量的影响，同时利用 Illumina MiSeq 高通量测序技术对土壤细菌的 16S rRNA V3~V4 可变区进行测序，分析不同种植模式下土壤细菌 OTU 分类、Alpha 多样性、物种组成和相对丰富度，建立细菌群落与关键土壤环境因子的耦合关系，挖掘影响细菌群落的关键环境因子，从微生物特性进一步解释农艺措施对盐碱土壤改良效果，完善农艺改良盐碱地技术体系，为推动宁夏银川北部灌区盐碱地改良利用工作提供科学、成熟的理论依据。

为了探究不同种植方式对土壤微生物特性与油葵产量的影响，本文连续3年在宁夏银川北部引黄灌区进行田间试验，研究平作侧播、平膜侧播、垄作沟播、垄膜沟播4种处理对土壤基本理化性质、酶活性、产量及细菌群落结构多样性的影响。结果表明：在整个生育期内，垄膜沟播处理与平作侧播处理相比土壤含水率、脲酶活性、碱性磷酸酶活性、蔗糖酶活性、过氧化氢酶活性分别提高了 4.03%、83.76%、62.30%、106.82%、75.66%，全盐含量平均降低 29.46%；同时，垄膜沟播处理产量比平作侧播、平膜侧播处理分别增加了 22.55%、16.71%，差异达显著水平；基于 Alpha 多样性分析结果表明：平膜侧播处理油葵苗期的 Chao1 与 ACE 指数较高，而垄膜沟播处理现蕾期与收获期的 Chao1 与 Shannon 指数升高，有助于增加物种数量，提高菌群丰富度；变形菌门、厚壁菌门、放线菌门这 3 类细菌约占细菌总量的56.26%~77.78%，为优势菌群；相关耦合分析表明脲酶与厚壁菌门呈极显著负相关，而与绿弯菌门、疣微菌门、Patescibacteria 菌门呈现显著或极显著正相关。因此，垄膜沟播模式能改善土壤环境状况，提高土壤细菌群落均匀度，且作物增产明显。

一、材料与方法

（一）试验区概况

试验于 2017 年 4 月至 2019 年 10 月在宁夏银川北部引黄灌区黄渠桥镇金茂源家庭农场开展，该地区属中温带干旱区，典型的大陆型气候；地势平坦，海拔约 1 090 m；光照资源充足，光照时间较为长久，全年累积日照时数高达

3 000 h；昼夜温差大，有效积温 1 535 ℃左右，全年气温较为稳定，年均气温 8.8 ℃左右。此外，年均降水量较低，在 200 mm 左右，蒸发量较强，为年均降水量 10 倍左右。

试验区地势低洼，东西走向稍有起伏，土壤质地为粉砂质粘壤土（表 3-14），土壤显碱性，表层土壤偶见白斑。全盐含量达到 5.15 g/kg，属于中盐水平，阳离子以 Na⁺为主、Na⁺占全盐量的 17.67%；阴离子以 SO_4^{2-}为主、SO_4^{2-}占全盐量的 45.63%，其次为 Cl⁻，Cl⁻占全盐量的 15.92%。土壤属于氯化物-硫酸盐盐渍土（表 3-15）。农田引用黄河水漫灌(矿化度为 2.08 g/L)。

表 3-14　0~20 cm 土层土壤基本物理性质

Table 3-14 Basic physical properties of soil

层次	机械组成 Mechanical composition/%			容重	田间持水量
Depth/ cm	砂粒 Sand (2~0.02 mm)	粉粒 Silt (0.02~0.002 mm)	粘粒 Clay (<0.002 mm)	Bulk density/ (g·cm⁻³)	Field water capacity/%
0~20	17.86	58.61	23.53	1.48	22.12

表 3-15　0~20 cm 土层土壤基本化学性质

Table 3-15 Basic chemical properties of soil （0~20 cm）

pH	全盐 Total salt/ (g·kg⁻¹)	阳离子含量 Cation / (g·kg⁻¹)				阴离子含量 Anion/ (g·kg⁻¹)				有机质 OM/ (g·kg⁻¹)	速效氮 AN/ (mg·kg⁻¹)	速效磷 AP/ (mg·kg⁻¹)	速效钾 AK/ (mg·kg⁻¹)	碱化度 ESP/ %
		Ca²⁺	Mg²⁺	K⁺	Na⁺	HCO₃⁻	CO₃²⁻	Cl⁻	SO₄²⁻					
8.57	5.15	0.34	0.21	0.098	0.91	0.30	—	0.82	2.35	12.24	44.71	23.41	178.43	10.51

注：-表示未检出。

Note：-means not detected.

（二）试验设计

供试作物为油用向日葵，品种为同辉 562。采用随机区组方法布置田间小区试验，设置平作侧播（pzcb）、平膜侧播（pmcb）、垄作沟播（lzgb）、垄膜沟播（lmgb）4 种种植模式（处理），每一处理 3 次重复，小区面积 85 m²。

向日葵采用宽窄行垄作，窄行行距 50 cm， 宽行行距 70 cm。窄行垄作覆膜，
垄高 20 cm，起成拱形垄。地膜选用厚度 ≥0.01 mm 的白色地膜，符合 NYT
1224 规定（图 3-21）。基施过磷酸钙（600 kg/hm²）、尿素（300 kg/hm²）、硫
酸钾（90 kg/hm²）和硫酸锌（30 kg/hm²）。 每年 4 月份整地，春灌时间在 5
月 1 日完成，灌水定额约为 3 000 m³/hm²，整个生育期内无需补充灌溉，5
月 20 日播种，每小区播种 6 行，窄行平作，每行长度为 20.8 m。

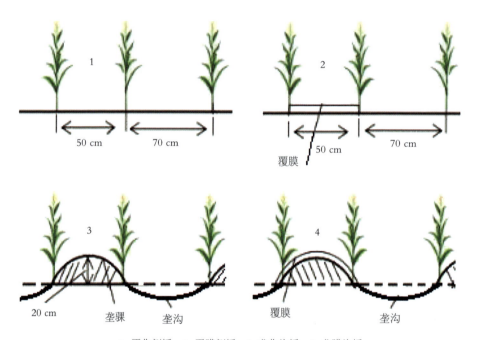

1-平作侧播；2-平膜侧播；3-垄作沟播；4-垄膜沟播

图 3-21　种植模式示意图

Fig.3-21 Schematic diagram of planting mode

（三）测定项目及方法

（1）土壤基本理化性质测定

在油葵种植前（5 月 15 日）采集土壤样品测定相关指标。环刀法测定土
壤容重、田间持水量；比重计法测定土壤机械组成；电导法测定水样矿化度；
土壤 pH 在水土比例 2.5∶1 混匀静止后直接用 pH 计测定；DDS-11 电导率仪

测定电导率，结合线性方程法计算全盐含量；土壤质量含水率采用铝盒烘干法测定；Ca^{2+}、Mg^{2+}采用 EDTA 滴定法测定；K^+、Na^+采用火焰光度计法测定；HCO_3^-、CO_3^{2-}采用双指示剂–中和滴定法测定；Cl^-采用 $AgNO_3$ 滴定法测定；SO_4^{2-}采用 EDTA 间接络合滴定法测定；有机质含量用重铬酸钾容量法测定；碱解氮含量用碱解扩散法测定；速效磷含量用 0.5 mol/L 碳酸氢钠浸提–钼锑抗比色法测定；速效钾含量用 1 mol/L 醋酸铵溶液浸提–火焰光度计法测定；交换性钠用 NH_4OAc–NaOH 交换–火焰光度法测定，阳离子交换量用 NH_4C–NH_4OAc 法测定。

碱化度（ESP）由公式：碱化度＝（交换性钠/阳离子交换量）×100%[16, 17]计算。

（2）土壤生物学特性的测定

在油葵苗期（6 月 20 日）、现蕾期（7 月 20 日）、收获期（9 月 10 日），在每个处理小区按照"S"布点法采集植物根际土壤（采用抖落法用毛刷收集粘在根上的土壤），采集 5 个点，混合后的土壤样品用干冰保存送回实验室置于−80 ℃冰箱中保存用于提取 DNA。收集抖落下的土样用塑封袋带回实验室，一部分直接采用铝盒法测定土壤含水率；一部分保存在 4 ℃冰箱中，用于酶活性测定；剩余部分风干处理后用于土壤 pH 与全盐含量的测定（测定方法见 1.3.1）。

碱性磷酸酶的测定采用磷酸苯二钠比色法，脲酶的测定采用靛酚蓝比色法，蔗糖酶的测定采用 3，5–二硝基水杨酸比色法，过氧化氢酶的测定采用高锰酸钾滴定法[18]。

（3）土壤 DNA 提取及高通量测序

PCR 扩增 16S rRNA，选用 Mobio 公司生产的 PowerSoil™ DNA Isolation Kit 从土壤样品中提取 DNA，1%的琼脂糖凝胶电泳检测所提取 DNA 的质量；Nanodrop（2000）测定所提取 DNA 的浓度。本研究选择通用引物 515F（5'–

GTGYCAGCMGCCGCGGTA-3')和909R（5'-CCCCGYCAATTCMTT-TRAGT-3'）来扩增16S rRNA的V4-V5区，目标片段长度为374 nt，在515F的5'端增加了12 bp的barcode标记。具体操作步骤如下：

①于0.2 mL PCR反应管内配置50 μL PCR反应体系：2 μL模板DNA稀释液，4 μL dNTP，4 μL Mg²⁺，5 μL Buffer，0.5 μL Ex Taq™酶，正向引物1 μL，反向引物1 μL，无菌水32.5 μL；②将上述PCR反应管低速离心，确保溶液混合在一起，且无气泡产生；③将PCR反应管置于PCR仪，并设置PCR参数：95 ℃预变性10 min，30个PCR循环（94 ℃变形30 s，53 ℃退火25 s，68 ℃延伸45 s），最后保持72 ℃延伸10 min；④1%的琼脂糖凝胶电泳检测PCR产物；⑤每个样品最少要做三个技术重复，并将三个技术重复完全混匀待用。

凝胶回收纯化：选用Thermo Scientific公司生产的GeneJET Gel Extraction Kit进行凝胶回收，具体操作如下：

①1%的琼脂糖凝胶电泳后，切取琼脂糖凝胶中的目的DNA条带，放入干净的离心管中称重，如凝胶重为100 mg，则添加200 μL（1∶2）的Binding Buffer溶液，以便使含有目的DNA的琼脂胶完全溶解，以此类推；②将加入Binding Buffer之后的离心管置于55 ℃水浴条件下融胶10 min，中间轻度涡旋一次，加速胶的溶解，确保胶块完全融化后，加入1倍凝胶体积异丙醇，如100 mg凝胶对应100 μL异丙醇，充分混匀；③待融化的凝胶溶液降至室温，加入纯化柱中静置1 min，10 000 g离心1 min，弃去滤出液；④在纯化柱中加入100 μL Binding Buffer溶液，10 000 g离心1 min，弃流出液；⑤加入400 μL Wash Buffer溶液，10 000 g离心1 min，弃流出液，再重复此操作一次；⑥将吸附柱置于一干净的离心管中30 min以上，在纯化柱的中央加入30 μL 65 ℃水浴的去离子水，室温静置1 min；⑦10 000 g离心1 min，洗脱DNA；⑧将洗脱出的DNA在NanoDrop 2000测定浓度

后，置于−80 ℃保存；⑨ 将所有样品按照 100 ng 混合之后，送交上海天昊生物有限公司采用美国 Illumina 公司的 HiSeq2500 测序仪进行建库上机测序。

（四）数据分析与处理

试验数据以 Excel 2003 软件进行整理，同时采用 SPSS 17.0 软件描述统计特征值、进行数据分析，用方差分析（ANOVA）和最小显著性检验（LSD）做数据差异显著性检验（$p<0.05$，$n=5$），用 Origin 9.0 软件绘图。测序结果使用Mothur（versionv.1.30）软件，对样品 Alpha 多样性指数进行评估，其中chao1、ACE 指数用来估计样品中所含 OTU 数目的指数；Shannon、Simpson指数用来估算样品中微生物的多样性指数。利用 QIIME 软件生成不同分类水平上的物种丰度表，用 SPSS17.0 对门水平下细菌群落与环境因子耦合关系作皮尔逊相关分析。

二、结果与分析

（一）不同种植模式对土壤含水率、全盐及 pH 的影响

由图 3−22 可得：不同处理下土壤含水率、全盐及 pH 均在各生育期表现出显著性差异。在整个生育期，lzgb 与 lmgb 处理下含水率明显高于 pzcb 处理，说明了起垄模式增加沟间土壤含水率，同时，pmcb 处理明显高于 pzcb 处理，平均高出 4.03%，可见覆膜有助于保持土壤水分；油葵苗期 lmgb 处理下全盐含量明显降低，相比 pzcb 处理降低了 22.65%，同时，该处理也明显降低土壤pH，相比 pzcb 处理降低了 0.27；油葵现蕾期 lzgb 处理增加了土壤含水率，lmgb 处理下全盐含量相比 pzcb 处理显著降低了 29.84%，pH 相比 lzgb 处理显著降低了 0.13；油葵收获期 lmgb 处理显著增加土壤含水率，同时全盐含量相比 pzcb 处理降低了 35.88%，综合整个生育期 lmgb 处理下盐分平均降低29.46%；pH 相比 pzcb、pmcb、lzgb 处理分别降低了 0.40、0.30、0.40 个单位，该处理效果明显，在一定程度上为植株生长发育提供水分，同时有效地降低

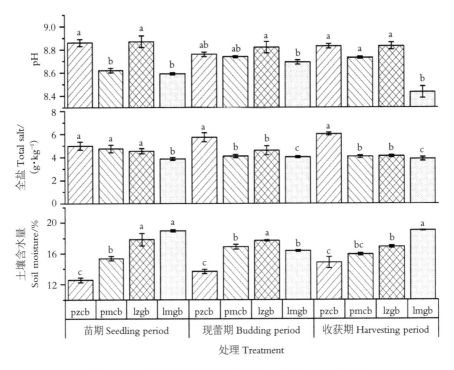

图 3-22 种植模式对土壤含水率、全盐、pH 的影响

Fig.3-22 Effect on soilmoisture，total salt，pH

注：同列数据后不同小写字母表示显著性差异达显著水平（$p < 0.05$），pzcb、pmcb、lzgb、lmgb 处理分别代表平作侧播、平膜侧播、垄作沟播、垄膜沟播处理，下同。

Note：different lowercase letters indicate significant difference after the data in the same column（$p < 0.05$），The pzcb，pmcb，lzgb，and lmgb treatments respectively representthe treatments of side planting，side planting with flat film mulching，furrow planting，furrow planting with ridge film mulching. The same as below.

根际土壤 pH 与全盐含量，降低了根系的抑制作用，为其伸长穿插创造了良好的环境。

（二）不同种植模式对土壤酶活性的影响

由图 3-23 可见，不同生育期不同处理下酶活性均表现出显著性差异，整体而言，随着生育期变化，脲酶、碱性磷酸酶、过氧化氢酶活性表现为增加趋势，而蔗糖酶活性表现为先增加后减少趋势。在油葵苗期，lmgb 显著增加脲酶、碱性磷酸酶、过氧化氢酶及蔗糖酶活性，lmgb 处理下碱性磷酸酶活性相比 pzcb、pmcb、lzgb 处理分别增加 27.68%、10.51%、25.55%，lzgb 处理下蔗糖酶活性与 pzcb 处理间无显著性差异，过氧化氢酶活性增加 14.73%。在油葵现蕾期 lmgb 处理明显增加各种酶活性，lzgb 与 pzcb 处理下脲酶、过氧化氢酶活性无显著性差异，lmgb 处理下蔗糖酶活性相比 pzcb、pmcb、lzgb 处理分别增加 72.00%、12.06%、109.08%；油葵收获期 lmgb 处理明显增加脲酶、过氧化氢酶活性，该处理与 lzgb 处理下碱性磷酸酶活性变化不大，但显著高于 pzcb 与 pmcb 处理；lzgb 处理下蔗糖酶活性降低。

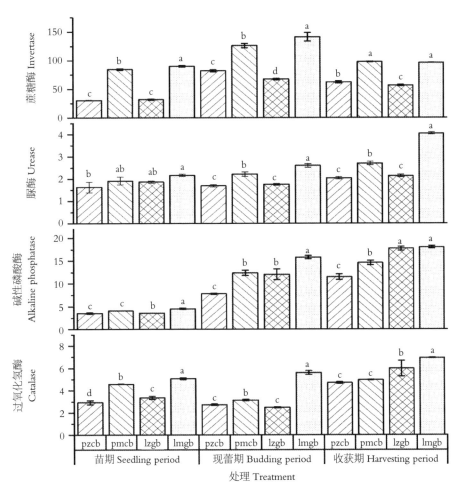

图 3-23　种植模式对土壤酶活性的影响（μg·g⁻¹·24 h⁻¹）

Fig.3-23 effect of planting patterns on enzyme activity

综合整个生育期测定数据可知，相比 pzcb 处理，lmgb 处理下脲酶活性平均增幅 83.76%，碱性磷酸酶活性平均增幅 62.30%，蔗糖酶活性平均增幅 106.82%，过氧化氢酶活性平均增幅 75.66%。由此可见，垄膜沟播处理对盐碱地土壤酶活性有明显的提升效果。

（三）不同种植模式下 OTU 分类与 Alpha 多样性分析

使用 Usearch 软件对 Tags 在 97% 的相似度水平下进行聚类、获得 OTU，并基于 Silva（细菌）分类学数据库对 OTU 进行分类学注释。图 3-24 显示了通过聚类得到各样品的 OTU 个数：柱子对应的数字即为相应处理样品的 OTU 数目。苗期显示 lmgb 处理下获得的 OTU 数最多，显著高于 pzcb 处理；现蕾期各处理下获得的 OTU 数相差不大，无显著差异；收获期 lmgb 与 pmcb 处理下获得的 OTU 数显著高于 pzcb 与 lzgb 处理，由此可见，覆膜对所获取 OTU 数影响较大，其次为起垄模式。

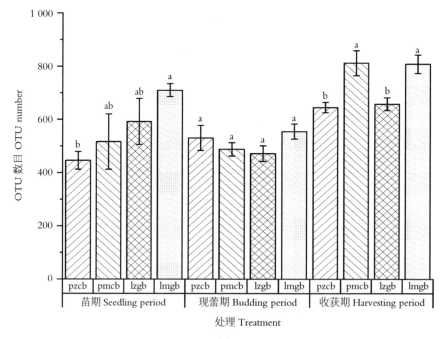

图 3-24 各处理样本 OTU 个数分布图

Fig.3-24 distribution of OTU number of each sample

基于 OTU 分类，在 97%（0.03）的相似性水平上分析 36 个样品时得到 Alpha 多样性。图 3-25 可得，不同种植模式不同生育期对 Alpha 多样性影响较大，在油葵苗期 pmcb 处理提高了 Chao1 与 ACE 指数，其次为 lmgb 处理，lmgb 处理也明显提高油葵现蕾期与收获期的 Chao1 指数，收获期 pmzb 处理与 lmgb 处理下 ACE 指数相差不大，明显高于 pzcb 与 lzgb 处理，由此可见，覆膜措施下会增加物种数量，有助于提高菌群丰富度。Shannon 和 Simpson 指数用于衡量物种多样性，二者指数呈现相反关系，Shannon 指数反映出 lmgb 处理下最大，其次为 lzgb 处理，而 pzcb 处理最小，Simpson 指数在 pzcb 处理下最大，说明起垄会增加细菌群落多样性，尤其垄膜沟播处理增加细菌多样

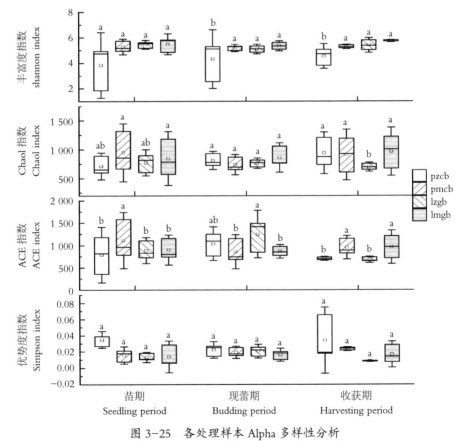

图 3-25　各处理样本 Alpha 多样性分析

Fig.3-25 Alpha diversity analysis of samples processed

性效果最为突出。

（四）不同种植模式群落结构分析

基于 HiSeq 高通量测序，发现 4 种不同种植模式下土壤细菌主要门有 10 种，在门水平下，对不同样品的细菌群落组成比较可知（图 3-26），变形菌、厚壁菌、放线菌这 3 类细菌在群落结构中所占比例很大，属于优势菌群，约占所有细菌的 56.26%~77.78%；除 pzcb 处理外，其他处理明显降低变形菌相对丰度，苗期 pzcb 处理与 lmgb 处理降低效果更佳，相比 pzcb 处理分别降低49.72%、43.51%，lmgb 处理抑制厚壁菌相对丰度，却增加放线菌相对丰度；此外，lmgb 处理下拟杆菌门、酸杆菌门相对丰度有所增加。

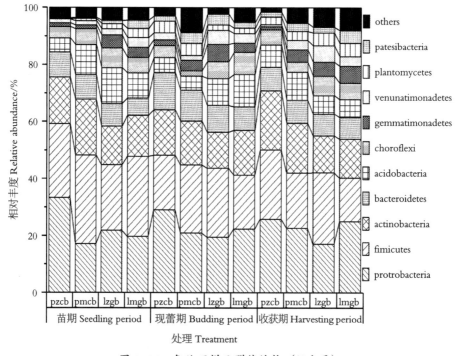

图 3-26　各处理样品群落结构（门水平）

Fig.3-26 Community structure of each sample （Phylum）

（五）不同种植模式对油葵产量的影响

不同种植模式下油葵产量有所差异，结果如图 3-27 所示。其中，lmgb 处理下油葵产量最高，其次为 lzgb 处理。lmgb 处理与 lzgb 处理间无显著性差异，但相比 pzcb、pmcb 处理显著增加产量 22.55%、16.71%；pmcb 处理与 pzcb 处理间也无显著性差异，lzgb 处理相比 pzcb 处理显著增加产量 20.98%，由此可见，覆膜有助于增产，而起垄增加效果更加明显，二者措施组合效果最为突出。

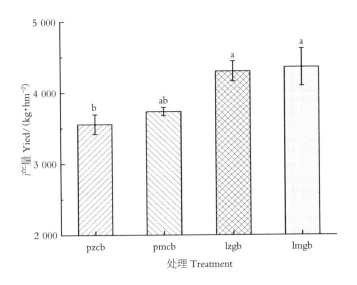

图 3-27　各处理的油葵产量比较

Fig. 3-27 Comparison of oil sunflower yield underdifferent treatments

（六）相关分析

（1）环境因子间及其与产量相关分析

通过建立产量与环境因子相关矩阵，结果如表 3-16 所示，土壤含水率与全盐、pH 呈现极显著负相关，与脲酶、碱性磷酸酶、过氧化氢酶呈现极显著正相关，与产量呈现显著正相关；全盐与 pH 呈现极显著正相关，与脲酶、碱性磷酸酶、过氧化氢酶呈现极显著负相关；pH 与脲酶、蔗糖酶、过氧化氢酶呈现极显著负相关；产量与碱性磷酸酶、过氧化氢酶活性呈现极显著正相关。由此可见，产量的提升在于降低土壤盐分，增加土壤含水率及提高碱性磷酸酶、过氧化氢酶活性。

表3-16　环境因子间及其与产量相关矩阵

Table 3-16 correlation matrix between yield and environmental factors

指标 Index	X_1	X_2	X_3	X_4	X_5	X_5	X_7	X_8
X_1	1.000							
X_2	−0.834**	1.000						
X_3	−0.776**	0.737**	1.000					
X_4	0.788**	−0.777**	−0.951**	1.000				
X_5	0.754**	−0.857**	−0.492	0.570	1.000			
X_6	0.402	−0.614*	−0.713**	0.768**	0.219	1.000		
X_7	0.917**	−0.808**	−0.746**	0.758**	0.863**	0.250	1.000	
X_8	0.677*	−0.649*	−0.329	0.389	0.835**	0.001	0.783**	1.000

注：X_1~X_8分别代表土壤含水率、全盐、pH、脲酶、碱性磷酸酶、蔗糖酶、过氧化氢酶、产量。

Note：X_1~X_8 represent Soil moisture，Total salt，pH，Urease，Alkaline phosphatase，Invertase，Catalase，Yield. ** Correlation is significant at the 0.01 level，*.Correlation is significant at the 0.05 level.

（2）收获期土壤细菌群落与环境因子相关分析

通过建立土壤细菌 10 种主要门与环境因子矩阵发现（表 3-17），脲酶是影响细菌群落最大的环境因子，脲酶与厚壁菌门呈现极显著负相关，与绿弯菌门、疣微菌门、Patescibacteria 菌门呈现显著或极显著正相关；土壤含水率与蔗糖酶对细菌群落影响程度基本一致，与厚壁菌门呈现显著负相关，与绿弯菌门、Patescibacteria 菌门呈现显著正相关；全盐与变形菌门呈现显著正相关，而 pH 与碱性磷酸酶、变形菌门呈现显著负相关。

表 3-17　细菌群落（门水平）与环境因子间相关矩阵

Table 3-17 correlation matrix between bacterial community（Phylum） and environmental factors

细菌群落 Bacterial population	X_1	X_2	X_3	X_4	X_5	X_6	X_7
Y_1	−0.516	0.650*	−0.629*	−0.256	−0.636*	−0.394	−0.453
Y_2	−0.650*	0.322	−0.314	−0.724**	−0.078	−0.643*	0.356
Y_3	−0.337	−0.068	−0.156	−0.240	0.003	−0.196	0.126
Y_4	−0.244	0.119	−0.212	−0.349	0.190	−0.404	0.314
Y_5	0.256	0.053	−0.065	0.278	−0.420	0.321	−0.500
Y_6	0.686*	−0.497	0.508	0.696*	0.389	0.622*	−0.126
Y_7	0.299	−0.110	0.023	0.539	−0.029	0.371	−0.467
Y_8	0.541	−0.253	0.320	0.597*	0.069	0.540	−0.112
Y_9	0.484	−0.402	0.534	0.334	0.412	0.403	0.087
Y_{10}	0.672*	−0.405	0.494	0.713**	0.299	0.619*	−0.458

注：X_1~X_7 代表环境因子；Y_1~Y_{10} 分别为变形菌门、厚壁菌门、放线菌门、拟杆菌门、酸杆菌门、绿弯菌门、芽单胞菌门、疣微菌门、浮霉菌门、Patescibacteria 菌门。

Note：X_1~X_7 represents environmental factors. Y_1~Y_{10} are protrobacteria, fimicutes, actinobacteria, bacteroidetes acidobacteria, Choroflexi, Gemmatimonadetes, Verrucomicrobia, Plantomycetes and Patescibacteria

三、讨论

本试验发现，相比平作侧播处理，平膜侧播、垄作沟播、垄膜沟播处理均能显著增加土壤含水率，其中垄膜沟播处理增加土壤含水率效果最佳，整个生育期相比平作侧播平均增加 4.03%，这主要由于地膜覆盖作物行间非种植区的土地，使覆盖区的降雨叠加到种植区，垄上覆盖的地膜与土壤之间形成一个隔离层，阻断土壤中气体与大气的交换通道，减少土壤水分的蒸发损失，从而将雨水保蓄在土壤中，供作物生长利用。垄作沟播与平膜侧播处理相比，垄作沟播提高土壤含水率的效果更加明显，说明垄作集雨效果好于平膜保水效果。

有研究表明，油葵耐盐能力强，可以在土壤盐含量小于 8.50 g/kg 的环境中生长。但土壤中盐含量大于 5.00 g/kg，产量下降显著 [19, 20]。本试验表明膜侧播、垄作沟播、垄膜沟播处理下土壤耕层盐分下降至 5.00 g/kg 以下，且垄膜沟播处理降幅最大，收获期土壤全盐含量相比平作侧播处理降低 35.88%，主要由于垄膜措施下垄沟间保持充足水分，促使盐分向土层深处移动，起到淋洗盐分的作用，这与李成 [21]、王增丽 [22] 研究结果相一致。本试验中，相比平作侧播处理，平膜侧播与垄膜沟播处理明显降低土壤 pH，分析可能原因为地膜覆盖使土壤呼吸产生的 CO_2 不能及时排放到空气，导致膜下 CO_2 浓度增加，从而降低土壤 pH。

土壤酶不但是土壤有机物转化的执行者，而且是植物营养元素的活性库，土壤酶活性对环境和土壤管理措施引起的变化比较敏感 [23-26]。本试验研究表明：脲酶、碱性磷酸酶、过氧化氢酶活性表现为增加趋势，而蔗糖酶活性表现为先增加后减少趋势。油葵苗期，垄膜沟播处理显著增加脲酶、碱性磷酸酶、过氧化氢酶及蔗糖酶活性，其碱性磷酸酶活性相比平作侧播、平膜侧播、垄作沟播处理分别增加 27.68%、10.51%、25.55%；收获期垄膜沟播处理明显增加脲酶、过氧化氢酶活性。由此可见，在垄膜沟播处理下，形成良好的局部水肥气热条件，使土壤保持一定水分，避免盐分因蒸发而上移表聚的情况发生，促进土壤养分的释放，进而提高土壤酶活性。

土壤细菌微生物在土壤生态系统占有重要地位，其多样性是表征土壤群落结构稳定性的因子之一，土壤中微生物群落结构的多样性受环境因子的影响而改变，其群落结构的失衡都会引起微生物功能的失调，进而导致土壤养分和肥力的下降 [27, 28]。本试验基于 OTU 分类，在 97%（0.03）的相似性水平上分析发现垄膜沟播处理均能提高油葵各生育期的 Chao1 与 Shannon 指数，且该处理在收获期明显增加 ACE 指数，有助于增加物种数量，提高菌群丰富度。HiSeq 高通量测序发现土壤细菌主要门有 10 种，变形菌、厚壁菌、放线菌这 3 类细菌在群落结构中所占比例很大，属于优势菌群。其中垄膜沟播处理会降低变形菌门、厚壁菌门相对丰度，而增加放线菌门、拟杆菌门、酸杆菌门相对丰度。这说明垄膜沟播处理适宜土壤微生物的繁殖，同时有利于提高细菌群落均匀度，改善微生物群落结构，为生产实践提供参考依据。通过建立土壤细菌 10 种主要门与环境因子矩阵发现，脲酶、土壤含水率、蔗糖酶与厚壁菌门、绿弯菌门、Patescibacteria 菌门关系密切。此外，脲酶还与疣微菌门关系密切，可见脲酶是影响细菌群落的关键环境因子，在生产实践中应关注脲酶活性，这对于细菌群落结构的改善具有重要意义。

产量是证明种植方式最直接的表达，本试验表明垄膜沟播处理下油葵产量最大，相比平作侧播与平膜侧播处理显著增加产量 22.55%、16.71%，与垄作沟播处理间无显著性差异，而垄作沟播处理显著高于平作侧播处理，平膜侧播处理下油葵产量略高于平作侧播处理，但二者之间也无显著性差异。由此说明了覆膜有助于增产，但效果不显著，而起垄方式能明显增加产量，在起垄的基础上覆膜产量更加有所提高，分析原因为在缺水灌溉情况下，起垄覆膜技术能达到集雨补墒的效果，保持土壤水分，缓解水资源不足而带来作物生长不良的窘境，再者，水分充足的条件下可有效地降低土壤盐分表聚，降低盐分对作物根系的胁迫，另外，覆膜能够增加油葵根系对土壤养分的吸收，灌浆期向籽粒输送更多的营养物质，从而增大油葵产量，这和以往的一些研究结果相一致 [29~31]。通过建立产量与环境因子相关矩阵发现，产量与土壤含水率呈现显著正相关，与全盐呈现显著负相关，而与碱性磷酸酶、过氧化氢酶活性呈现极显著正相关；另外，土壤含水率也与碱性磷酸酶、过氧化氢酶活性呈现极显著正相关。由此可见，在盐碱地作物种植过程中，土壤含水率很关键，它直接影响盐分运动及土壤酶活性的变化，提升含水率主要措施为起垄，其次为覆膜，二者结合效果叠加，更加有利于农作物高质量产出。

四、结论

相比平作侧播处理，垄膜沟播处理油葵整个生育期内的土壤含水率明显增加，全盐含量下降、平均降低了29.46%，同时 pH 平均降低了0.4个单位，脲酶、碱性磷酸酶、蔗糖酶、过氧化氢酶活性均明显升高，油葵的产量增加22.55%；且现蕾期与收获期的 Chao1 与 Shannon 指数提高，增加了物种数量和菌群丰富度；HiSeq 高通量测序结果表明变形菌门、厚壁菌门、放线菌门这3类细菌约占细菌总量的56.26%~77.78%，为优势菌群；垄膜沟播处理会降低变形菌门、厚壁菌门相对丰度，而增加放线菌门、拟杆菌门、酸杆菌门相对丰度；相关分析结果表明脲酶与厚壁菌门、绿弯菌门、疣微菌门、Patescibacteria 菌门细菌数量关系密切，垄膜沟播对于改善细菌群落结构具有重要意义。

参考文献

[1] 陈淑娟.石嘴山市惠农区盐碱地改造现状及对策［J］.现代农业科技，2016（23）：185-186.

[2] 李茜，孙兆军，秦萍.宁夏盐碱地现状及改良措施综述［J］.安徽农业科学，2007，35（33）：10808-10810.

[3] 中国农业信息网.2018年宁夏投入6000万元支持盐碱地农艺改良［J］.种业导刊，2018（6）.

[4] 刘小京.环渤海缺水区盐碱地改良利用技术研究［J］.中国生态农业学报，2018，26（10）：102-108.

[5] 靳乐乐，乔匀周，董宝娣，等.起垄覆膜栽培技术的增产增效作用与发展［J］.中国生态农业学报，2019，27（9）：1364-1374.

[6] 杨文权，寇建村，贺璐，等.起垄后不同覆盖方式对苹果园土壤微生物和酶活性的影响［J］.土壤通报，2014（6）：1377-1382.

[7]　Seneviratne G，Kulasooriya S A. Reinstating soil microbial diversity in agroecosystems: The need of the hour for sustainability and health ［J］. Agriculture，Ecosystems & Environment，2013，164（Complete）：181－182.

[8]　Cao，Di，Shi，Fuchen，Koike，Takayoshi，Jingkuan Sun. Halophyte Plant Communities Affecting Enzyme Activity and Microbes in Saline Soils of the Yellow River Delta in China ［J］. CLEAN－Soil，Air，Water，2014，42（10）：1433－1440.

[9]　张咏梅，周国逸，吴宁. 土壤酶学的研究进展 ［J］. 热带亚热带植物学报，012（001）：83－90.

[10]　张娟，吴宏亮，康建宏，等. 不同种植模式对新压砂瓜田土壤养分和土壤酶活性的影响 ［J］. 干旱地区农业研究，2014，32（2）：107－113.

[11]　时向东，耿伟，李钠钾，等. 不同覆盖方式下烤烟根际土壤养分含量与酶活性的动态变化 ［J］. 中国烟草学报，016（5）：50－54.

[12]　李勇军，曹庆军，拉民，等. 不同耕作处理对土壤酶活性的影响 ［J］. 玉米科学，2012（03）：117－120.

[13]　李旺霞，陈彦云，陈科元，等. 不同覆膜栽培对马铃薯土壤酶活性和土壤微生物的影响 ［J］. 西南农业学报，2015，28（5）：2154－2157.

[14]　张剑，高宇，任永峰，等. 垄膜集雨种植对土壤微生物及酶活性的影响 ［J］. 土壤通报，2018，49（5）：101－106.

[15]　张谦，冯国艺，雷晓鹏，等. 滨海盐碱地预覆膜起垄的生态效应及对棉花苗期的影响 ［J］. 干旱地区农业研究，036（004）：74－79.

[16]　鲍士旦，土壤农化分析 ［M］. 北京：中国农业出版社，2000.

[17]　李酉开. 土壤农化分析结果计算式的正确表达 ［J］. 土壤通报，2000，31（6）：275－276.

[18] 关松荫.土壤酶及其研究法［M］.北京：农业出版社，1986.

[19] 岳云，李福，陈炳东，等.盐胁迫对油葵生理生化指标和产量影响的研究［J］.作物杂志，2011（2）：38-41.

[20] 孔东，史海滨，陈亚新，等.水盐胁迫对向日葵幼苗生长发育的影响［J］.灌溉排水学报，2004，23（5）：32-35.

[21] 李成，冯浩，罗帅，等.垄膜沟灌对旱区农田土壤盐分及硝态氮运移特征的影响［J］.水土保持学报，2019，33（3）：268-275.

[22] 王增丽，温广贵.干旱区垄膜沟灌条件下土壤水盐空间分布特征研究［J］.灌溉排水学报，2017，36（5）：47-51.

[23] Riffaldi R，Saviozzi A，Leviminzi R，Cardelli，R. Conventional crop management effects on soil organic matter characteristics［J］. Agronomie，2003，23（1）：45-50.

[24] 刘亚杰，胡振华，郑涨平，等.秸秆还田对滨海盐碱地稻田土壤养分及酶活性的影响［J］.宁波农业科技，2019（1）：24-27.

[25] 曹慧，孙辉，杨浩，等.土壤酶活性及其对土壤质量的指示研究进展［J］.应用与环境生物学报，2003（1）：105-109.

[26] 朱敏，郭志彬，曹承富，等.不同施肥模式对砂姜黑土微生物群落丰度和土壤酶活性的影响［J］.核农学报，2016，28（9）：1693-1700.

[27] 陈国华，弭宝彬，李莹，等.转 mapk 双链 RNA 干扰表达载体黄瓜对根际土壤细菌多样性的影响［J］.生态学报，2013（4）：78-84.

[28] Alguacil M M，Torrecillas E，Lozano Z，Roldan A. Arbuscular mycor-rhizal fungi communities in a coral cay system（Morrocoy，Venezuela）and their relationships with environmental variables［J］. Science of The Total Environment，2015，505：805-813.

[29] 张新学，曹秀霞，安维太，等.种植密度对旱地垄膜集雨沟播胡麻干物

质积累及产量的影响［J］.农业科学研究 2015.36（3）：41-43+47.

［30］ 李建奇.地膜覆盖对春玉米产量、品质的影响机理研究［J］.玉米科学，
2008（05）：92-97+102.

［31］ 王俊林.起垄覆膜方式对旱地土壤水分及马铃薯产量的影响［J］.甘肃
农业科技，2014（1）：34-36.

第六节 有机肥对盐碱地氮素利用率及土壤理化指标的影响

针对宁夏银北盐碱地玉米种植存在重施氮肥、不施有机肥、产能低下、土壤结构板结等问题。本试验基于常规施肥，建立有机肥氮替代不同比例化肥氮的田间试验，研究其对玉米生长发育、产量、氮素利用率及土壤理化性质的影响。结果表明：与常规施肥比较，有机肥氮替代处理对玉米株高、茎粗提升产生抑制作用，但提高了叶片 SPAD 值。随着有机肥氮替代比例减少，植株氮素总积累量表现为明显增加趋势，替代比例为 20%处理下氮素积累量与生物产量分别相比常规施肥显著增加 26.02%、12.46%。有机肥氮替代处理显著提高氮素生理利用率，替代比例为 20%的处理下氮素偏生产力与氮素农学效率较高。有机肥氮替代处理下土壤 pH 与全盐含量相比常规施肥有所降低，但差异性不显著，土壤有机质含量明显增加，替代比例为 100%处理下土壤有机质含量相比常规施肥增加 11.05%，同时，该处理增加水稳性团聚体平均质量直径。产量与植株氮素及土壤理化指标相关性发现，籽粒产量与生物产量均与植株氮素积累量、土壤全氮相关性显著，而籽粒产量与水稳性团聚体平均质量直径、大团聚体含量、破坏率相关性显著。因此，本试验条件下，有机肥氮替代 20%化肥氮处理对产量及氮素利用率提升效果显著，且对土壤理化性质改善也较为明显。

随着中国农业结构转型，草畜业逐渐成为农业发展的重点产业之一。宁

夏地处西北内陆，近年来，依托北部引黄灌区粮草轮作、中部旱作人工草地和南部优质牧草资源优势，着力打造全区奶牛、肉牛养殖产业。据 2018 年统计年鉴，宁夏回族自治区年产生畜禽粪污 2 363 万 t，有机肥原料充足。在宁夏银北盐碱地区，主要作物产量低下，种植户倾向于不施有机肥而投入过量的氮肥来增加产能，这就导致氮肥利用率逐年降低，同时造成有机肥资源浪费和土壤结构恶化。因此，通过优化化肥使用量和调整施肥结构，改变农民长期过量施用化学氮肥的传统观念显得十分必要。

有机肥还田是保障粮食安全的重要措施之一，其与无机肥配合施用对土壤与作物的影响效果受替代比例不同而存在差异 [1-2]。温延臣等 [3] 研究表明，有机肥配施化肥在一定程度上能有效协调养分平衡供应关系，满足作物生长发育需要；蔡泽江等 [4] 研究表明，有机肥与化肥配施能明显促进玉米产量稳定增长；谢军等 [5] 研究表明，有机肥替代 50%化肥处理下，玉米生物产量与经济产量显著增加，同时，该处理促进了氮素的稳定吸收与转运，氮素利用率也明显提升；祝英等 [6] 研究认为，有机肥替代 30%化肥显著提高土壤养分含量；杨明等 [7] 通过结合田间与盆栽试验表明，有机肥替代化肥处理下土壤pH 显著降低，土壤盐离子组分发生显著变化，有机质、全氮含量显著增加。

综上可知，有机肥替代化肥技术已经成为化肥零增长行之有效的措施，且在不同肥力水平的土壤上替代比例存在明显差别。本研究主要在宁夏银北灌区土壤较为贫瘠的盐碱区开展不同有机肥替代化肥比例试验，分析不同有机肥氮替代化肥氮比例下对玉米生产力及氮素利用率的影响，探讨土壤养分及团聚体变化，揭示最佳替代比例，以期为银北盐碱地区玉米种植建立合理的施肥模式和提高养分利用效率提供科学依据。

一、材料与方法

（一）试验区概况

试验于 2021 年 3 月在石嘴山市燕子墩乡海燕村开展，西依巍巍贺兰山，东临滔滔黄河，典型大陆性气候，常年大风，该区域土地盐碱化程度高、灌溉困难、基础薄弱。土壤质地为砂质壤土（表 3-18）。土壤碱性高，中度碱化土壤，表层土壤偶见白斑；全盐含量达到 5.08 g/kg，属于中度盐化水平，阳离子以 Na^+ 为主，Na^+ 占全盐量的 19.88%；阴离子以 SO_4^{2-} 为主，SO_4^{2-} 占全盐量的 37.20%，其次为 Cl^-，Cl^- 占全盐量的 18.11%。土壤属于氯化物-硫酸盐盐渍土（表 3-19）。土壤肥力低下，有机质不足 10 g/kg，速效磷也偏低，速效钾达到三级中等水平。指示作物为粮饲兼用玉米"先玉 1225"品种。

表 3-18　土壤基本物理性质

Table 3-18 Basic physical properties of soil

深度 Depth/ cm	机械组成 Mechanical components/%			土壤质地 Soil texture	体积质量 Volume mass/ (g·cm⁻³)	含水率 Water content/%
	黏粒 Clay (<0.002 mm)	粉粒 Silt (0.002~0.02 mm)	砂粒 Sand (0.02~2 mm)			
0~20	5.69	36.08	58.23	砂质壤土	1.42	8.36
20~40	1.11	24.11	74.78	砂质壤土	1.45	5.51
40~60	1.61	12.14	86.25	壤质砂土	1.59	5.49

（二）试验设计

本试验基于常规施肥（N：450 kg/hm²，P_2O_5：150 kg/hm²，K_2O：75 kg/hm²；脱硫石膏 4 500 kg/hm²），有机肥选用奶牛粪有机肥，其干基条件下，全氮1.95%、全磷 1.12%、全钾 1.01%、有机碳 32.25%、电导率 3.35 ms/cm、pH 7.42。该试验采用随机区组设计，按照等氮量原则（由于奶牛粪有机肥磷钾素矿化分解效率极低，本试验不考虑有机肥磷钾因素影响），设置不同有机肥氮和化肥氮供应比例，共设计处理6 个，具体见表 3-20。

表 3-19 0~30 cm 土层土壤基本化学性质

Table 3-19 Basic chemical properties at 0~30 cm soil layer

pH	全盐 Total salt/ (g·kg⁻¹)	阳离子 Cation / (g·kg⁻¹)				阴离子 Anion/ (g·kg⁻¹)				有机质 OM/ (g·kg⁻¹)	速效氮 AN/ (mg·kg⁻¹)	速效磷 AP/ (mg·kg⁻¹)	速效钾 AK/ (mg·kg⁻¹)	碱化度 ESP/ %
		Ca^{2+}	Mg^{2+}	K^+	Na^+	HCO_3^-	CO_3^{2-}	Cl^-	SO_4^{2-}					
8.87	5.08	0.44	0.34	0.065	1.01	0.35	—	0.92	1.89	8.01	15.64	7.52	125.62	14.61

注：-表示未测出。

Note：- indicates not detected。

表 3-20 试验设计

Table 3-20 Test design

处理 Treatment	施肥措施 Fertilization measures	有机肥施用量/ (kg·hm⁻²) OF application amount	有机肥氮/ (kg·hm⁻²) OF-N	化肥施用量/ (kg·hm⁻²) CF application amount			脱硫石膏施用量/ (kg·hm⁻²) FGD application amount
				N	P_2O_5	K_2O	
CK0	不施肥 No fertilization	—	—	—	—	—	—
F1	100%化肥氮 100% chemical fertilizer N	—	—	450	150	75	4 500
F2	100%有机肥氮 100% organic fertilizer N	23 100	450	—	150	75	4 500
F3	60%有机肥氮+40%化肥氮 60% organic fertilizer N+40% chemical fertilizer N	13 860	270	180	150	75	4 500
F4	40%有机肥氮+60%化肥氮 40% organic fertilizer N+60% chemical fertilizer N	9 240	180	270	150	75	4 500

处理 Treatment	施肥措施 Fertilization measures	有机肥施用量/（kg·hm⁻²） OF application amount	有机肥氮/（kg·hm⁻²） OF-N	化肥施用量/（kg·hm⁻²） CF application amount			脱硫石膏施用量/（kg·hm⁻²） FGD application amount
				N	P_2O_5	K_2O	
F5	20%有机肥氮+80%化肥氮 20% organic fertilizer N+80% chemical fertilizer N	4 620	90	360	150	75	4 500

注：–代表不施肥。

Note：– means no fertilization.

有机肥来源于腐熟奶牛粪有机肥，氮肥为尿素（N：46%），磷肥为磷酸一铵（N：12%；P_2O_5：61%），钾肥为硫酸钾（K_2O：50%）。所有奶牛粪有机肥、脱硫石膏、化肥磷、钾肥全部一次性基肥，含有化肥的处理，其 60%化肥氮基施，剩余40%化肥氮在玉米拔节期、灌浆期随黄河水灌溉分 2 次追施。

（三）测定项目及方法

（1）土壤基本理化性质测定

在玉米种植前（4 月 1 日）采集土壤样品测定相关指标。环刀法测定土壤体积质量；比重计法测定土壤机械组成；电导法测定水样矿化度；土壤 pH 在水土比例 2.5：1 混匀静止后直接用 pH 计测定；DDS-11 电导率仪测定电导率，结合线性方程法计算全盐含量；土壤质量含水率采用铝盒烘干法测定；Ca^{2+}、Mg^{2+}采用 EDTA 滴定法测定；K^+、Na^+采用火焰光度计法测定；HCO_3^-、CO_3^{2-}采用双指示剂–中和滴定法测定；Cl^-采用 $AgNO_3$ 滴定法测定；SO_4^{2-}采用 EDTA 间接络合滴定法测定；有机质含量用重铬酸钾容量法测定；碱解氮含量用碱解扩散法测定；速效磷含量用 0.5 mol/L 碳酸氢钠浸提–钼锑抗比色法测定；速效钾含量用 1 mol/L 醋酸铵溶液浸提–火焰光度计法测定；交换性钠用 NH_4OAc–NaOH 交换–火焰光度法测定，阳离子交换量用 NH_4C–NH_4OAc 法测定 [8-9]。

（2）土壤团聚体测定

2021 年 9 月采集玉米田间 0~30 cm 土壤团聚体，采用铁锹挖开土层剖面，用铁铲沿剖面垂直切入，剥去接触面变形的土壤，均匀取内部土壤 1 kg 放入铁盒带回实验室。采用干筛法测定土壤机械稳定性团聚体含量；湿筛法测定土壤水稳性团聚体含量。

（3）玉米生长指标测定

每个处理选 10 株用标签标记，分别在出苗后 30 d、60 d、90 d 测定玉米生理株高、茎粗、叶绿素归一化指数（SPAD），其中，株高用卷尺测定；茎粗用游标卡尺测定；叶片叶绿素测定选用倒 3 叶中部，采用 SPAD–502 测定。

（4）玉米产量测定

于玉米收获期按小区实收测定玉米生物产量与籽粒产量，其中籽粒产量折 14%入库水分计算所得 [3]。

（5）玉米干物质及氮素测定

玉米收获时，选取标记植株，测定鲜质量，然后带回实验室将根、籽粒与秸秆分开，105 ℃杀青 30 min 后，60 ℃烘干后测定干质量，计算玉米籽粒和秸秆的含水量。然后按根、籽粒、茎+叶+穗轴不同营养器官分开，采用 H_2SO_4–H_2O_2 消煮法测定植株全氮含量 [10]。根据所获得的不同处理下植株干质量与各器官全氮含量，求得植株氮素积累量。

（6）相关计算方法

碱化度（ESP）计算方法：

碱化度（%）=（交换性钠/阳离子交换量）× 100%

团聚体参数计算方法：

>0.25 mm 团聚体百分含量（$R_{>0.25}$）、土壤团聚体破坏率（PAD）、土壤团聚体的平均质量直径（MWD）的计算公式如下：

$$R_{0.25}=\frac{M_{0.25}}{M_{\mathrm{T}}}$$

$$PAD=\frac{DR_{0.25}-WR_{0.25}}{DR_{0.25}}\times100\%$$

$$MWD=\sum_{i=1}^{n}\overline{x}_{i}W_{i}$$

式中，$M_{0.25}$ 为>0.25 mm团聚体质量，M_{T} 为筛分前称取的土样总质量；$DR_{0.25}$ 为>0.25 mm 机械稳定性团聚体含量（%）；$WR_{0.25}$ 为>0.25 mm 水稳定性团聚体含量（%）；$\overline{x}_{i}$ 为 i 粒级团聚体平均直径（mm）；W_{i} 为 i 粒级团聚体的质量分数。

氮素利用率计算方法：

植株氮素积累量（kg/hm）=（单株籽粒干重×籽粒含氮量+单株根干重×根含氮量+单株茎叶轴干重×茎叶轴含氮量）×每公顷有效株数；

氮收获指数 NHI（%）=籽粒吸氮量/植株氮素积累量；

肥料氮偏生产力（NPFP，kg/kg）=施氮区籽粒产量/施氮量；

肥料氮生理利用率（NPE，kg/kg）=（施氮区籽粒产量−不施氮区籽粒产量）/(施氮区地上部总吸氮量−不施氮地上部总吸氮量)；

氮肥农学效率（NAE，kg/kg）=（施氮区籽粒产量−不施氮区籽粒产量）/施氮量。

式中，施氮量既包括化肥氮也包括有机肥氮 [11-13]。

（四）数据分析与处理

试验数据以 Excel 2003 软件进行整理，采用 SPSS 25.0 软件描述统计特征值、进行数据分析，用方差分析（ANOVA）和最小显著性检验（LSD）做数据差异显著性检验（$p<0.05$，$n=5$）。

二、结果与分析

（一）有机肥氮替代化肥氮对玉米生长发育的影响

相比 CK0 处理，施肥处理均能显著增加玉米株高、茎粗及 SPAD。不同比例有机肥氮替代对玉米株高存在显著性差异。苗后 30 d，有机肥替代处理效果明显，其中 F4 处理下效果最佳，相比 F1 显著增加 39.58%；苗后 60 d 发现，F1 处理开始显著增加株高，相比 F2、F3、F4 处理分别显著增加 19.92%、33.89%、17.41%；苗后 90 d，F5 处理与 F1 处理间无显著性差异，二者处理相比 F2 处理显著增加 12.47%、11.83%。各处理对苗后 30 d 与苗后 60 d 玉米茎粗无显著性影响，苗后 90 d，F1 与 F5 处理显著增加玉米茎粗，而 F3 与 F4 处理下茎粗相比 CK0 处理有所降低，但无显著性。苗后 30 d，F1、F3、F4、F5 处理中 SPAD 相比 CK0 处理分别显著提高：7.80%、10.53%、8.82%、11.53%；在苗后 60 天中，各处理的效果分别为：F1>F2>F5>F4>F3>CK，且依次较 CK0 处理分别提高 5.7%、5.43%、4.70%、2.86%、2.80%；在苗后 90 d，F2 处理显著增加 SPAD（最高），较 F1、F3、F4、F5 处理分别显著提高 9.02%、4.62%、3.69%、2.05%，另外 F4 和 F5 处理分别较 F1 显著提高 5.14%、6.83%，同时较 F3 处理提高 0.90%、2.51%，F3 处理较 F1 处理提高 4.20%（表 3-21）。

（二）有机肥氮替代化肥氮对玉米不同器官氮素积累的影响

植株氮素总积累量在各处理下存在显著性差异，大小依次为 F5>F1>F2>F3>F4>CK0，F5 处理相比 F1、F2、F3、F4 处理分别增加了 26.02%、31.01%、42.39%、57.32%；F1 与 F2 处理间无显著性差异，F3 与 F4 处理相比 F1、F2 处理显著降低；说明，随着有机肥替代比例降低，植株氮素总积累量表现为先

表 3-21　有机肥氮替代化肥氮对玉米生长发育的影响

Table 3-21 Effect of substitute of chemical N with organic N on maize growth and development

苗后天数/d Days after seeding	CK0	F1	F2	F3	F4	F5
株高/cm Plant height 30	28.47± 0.59 b	30.47± 2.29 b	39.2± 2.87 a	36.87± 1.09 a	42.53± 2.34 a	41.00± 0.83 a
60	118.67± 4.63 c	165.4± 6.91 a	137.93± 1.37 bc	123.53± 11.41 c	140.87± 10.43 bc	159.73± 2.95 ab
90	174.18± 3.92 c	204.28± 3.05 a	182.67± 7.74 bc	193.68± 5.97 ab	193.93± 1.3 ab	205.45± 2.92 a
茎粗/mm Stem diameter 30	14.76± 0.71 a	15.23± 0.56 a	16.16± 0.88 a	15.92± 0.45 a	15.89± 1.07 a	17.06± 0.52 a
60	22.89± 1.06 a	22.23± 0.56 a	23.16± 0.88 a	22.06± 0.45 a	22.93± 1.09 a	23.75± 0.45 a
90	23.60± 0.09 ab	26.63± 0.07 a	24.28± 0.14 ab	21.35± 1.78 b	20.89± 1.77 b	26.18± 0.05 a
SPAD 30	41.04± 0.21 b	44.24± 0.79 a	41.39± 0.67 b	45.36± 0.13 a	44.66± 0.61 a	45.77± 0.57 a
60	47.92± 0.22 b	50.65± 0.88 a	50.52± 0.49 a	49.26± 0.92 ab	49.29± 0.23 ab	50.17± 0.46 a
90	45.84± 0.85 d	49.23± 0.39 c	53.67± 0.42 a	51.30± 1.30 bc	51.76± 0.33 ab	52.59± 0.21 ab

注：同列数据后不同小写字母表示显著性差异达显著水平（$p<0.05$），数据为平均值±标准误，下同。

Note：Different lowercase letters after data within the same columns indicate significant differences（$p<0.05$）. Data are mean ± standard error, same as below.

减少后急剧增加趋势。各器官氮素积累量表现为籽粒氮素积累量在各器官氮素分配比例中占主要地位，其次为茎+叶+穗轴，而根部氮素含量最低。F5处理显著增加各器官氮素积累量，相比 F1、F2 处理，籽粒氮素积累量显著增加 24.44%、32.91%，茎+叶+穗轴氮素积累量显著增加 30.66%、25.96%，而根部氮素含量在 F5 与 F1 处理下相差不大，二者处理间无显著性差异（表3-22）。

表 3-22　有机肥氮替代化肥氮玉米氮素积累量

Table 3-22 Effect of substitute of chemical N with organic N on N accumulation in maize

处理 Treatment	植株氮素总积累量/(kg·hm⁻²) Plant total N	各器官氮素积累量/(kg·hm⁻²) Organs N accumulation		
		籽粒 Grain	茎+叶+穗轴 Stem + Leaf + Cob	根 Root
CK0	121.19±0.28 e	92.05±0.95 d	25.83±0.95 e	3.32±0.28 c
F1	242.48±0.47 b	161.84±1.33 b	74.26±1.33 bc	6.38±0.47 a
F2	233.1±0.08 b	151.52±0.76 b	77.03±0.76 b	4.55±0.08 b
F3	214.47±0.28 c	138.95±1.12 c	70.50±1.12 c	5.02±0.28 b
F4	194.11±0.18 d	130.07±3.97 c	58.63±3.97 d	5.40±0.18 b
F5	305.38±0.12 a	201.39±0.98 a	97.03±0.98 a	6.96±0.12 a

（三）有机肥氮替代化肥氮对玉米产量及经济效益的影响

有机肥替代对籽粒及生物产量影响较大，籽粒产量在 F5 处理下最大，其次为 F1 处理，二者处理间无显著性差异；F5 处理显著提高生物产量，相比 F1、F4 处理分别增加 12.46%、7.21%；综合经济产值与投入计算所得净收益属 F5 处理最大，其次为 F1 处理，二者处理几乎一致；但 F1 处理下投入相比 F5 略低，从而产投比属 F1 处理最大，其次为 F5 处理（表 3-23）。

（四）有机肥氮替代化肥氮对氮肥利用率的影响

有机肥替代对玉米氮素利用率影响较大，氮素收获指数在各施肥措施下无显著性差异；氮素生理利用率在 F4 处理下最大，相比 F3、F5 处理增加了 12.02%、13.33%，相比 F1、F2 显著增加 74.77%、30.67%；F5 处理显著增加氮素偏生产力，其次为 F1 处理，二者处理间无显著性差异，显著高于 F2、F3、F4 处理；氮素农学效率与氮素偏生产力变化趋势相一致，属 F5 处理下最大，相比 F1 处理提高 0.35%，相比 F2、F3、F4 处理分别显著提高 1.93%、2.09%、2.99%（表 3-24）。

表 3-23 有机肥氮替代化肥氮的产量及经济效益

Table 3-23 Effect of substitute of chemical N with organic N on yield and economic benefit

处理 Treatment	籽粒产量/(t·hm⁻²) Grain yield	生物产量/(t·hm⁻²) Biological yield	经济产值/(元·hm⁻²) Economic output	投入/(元·hm⁻²) Input	净收益/(元·hm⁻²) Net income	产投比 VCR
CK0	2.46±0.09 c	13.76±0.56 d	11 505.87±332.71 c	4 500	7 005.87±332.71 c	2.56±0.07 b
F1	6.74±0.07 a	18.78±0.86 bc	25 852.53±65.47 a	7 500	18 352.53±65.47 a	3.45±0.01 a
F2	5.99±0.06 b	18.04±0.32 bc	23 373.69±257.90 b	11 250	12 123.69±257.9 b	2.08±0.02 c
F3	5.92±0.09 b	17.77±0.28 c	23 076.66±348.26 b	9 750	13 326.66±348.26 b	2.37±0.04 b
F4	5.51±0.340 b	19.70±0.44 ab	22 430.28±1 218.18 b	9 000	13 430.28±1218.18 b	2.49±0.14 b
F5	6.86±0.12 a	21.12±0.42 a	26 901.89±362.88 a	8 250	18 651.89±362.88 a	3.26±0.04 a

注：籽粒当年市场价为 3 元/kg，饲料生物量为 300 元/t；投入包括灌水、种子、化肥、有机肥、人工等费用。

Note：The market price of grain is 3 yuan/kg, and the feed biomass is 300 yuan/t；Input includes irrigation，seed，fertilizer，organic fertilizer，labor and other costs.

表 3-24 有机肥氮替代化肥氮的氮素利用率

Table 3-24 Effect of substitute of chemical N with organic N on N use efficiency

处理 Treatment	氮收获指数 NHI	氮素生理利用率 NPE/(kg·kg⁻¹)	氮素偏生产力 NPFP/(kg·kg⁻¹)	氮素农学效率 NAE/%
CK0	—	—	—	—
F1	0.67±0.00 a	23.94±0.31 c	14.98±0.14 a	9.91±0.14 a
F2	0.65±0.01 a	32.02±2.00 b	13.31±0.12 b	8.23±0.12 b
F3	0.65±0.01 a	37.35±0.57 ab	13.15±0.20 b	8.07±0.20 b
F4	0.67±0.01 a	41.84±2.98 a	12.24±0.83 b	7.17±0.83 b
F5	0.66±0.00 a	36.92±0.86 ab	15.24±0.27 a	10.16±0.27 a

（五）有机肥氮替代化肥氮对土壤养分的影响

作物收获后土壤养分测定结果如表 3-25 所示，相比 CK0 处理，施肥处理均能明显增加耕层土壤全氮含量，但相比常规施肥，有机肥替代处理对土壤全盐影响不显著；土壤有效磷含量在 F1 处理下最大，其次为 F5 处理，二者相比 CK0 处理显著增加 89.60%、83.50%。F5 处理明显提高土壤速效钾含量，相比 F1 处理增加 39.22%，此外，F2 处理能明显提高土壤有机质含量，相比 CK0、F1 处理分别显著增加 13.86%、11.05%；相比 CK0 处理，施肥措施均能降低土壤pH，但各处理间无显著性差异，其中，F2 处理降幅最大，为 0.37，其次为 F4 处理。各处理土壤全盐影响无显著性，其中，F1 处理相比 CK0 处理全盐增加9.63%，F5 相比 CK0、F1 处理全盐含量分别降低 11.38%、19.16%。

表 3-25　有机肥氮替代化肥氮0~30 cm 土壤养分

Table 3-25 Effect of substitute of chemical N with organic N on soil nutrients　(0~30 cm)

处理 Treatment	全氮 TN/ $(g \cdot kg^{-1})$	有效磷 AP/ $(mg \cdot kg^{-1})$	速效钾 AK/ $(mg \cdot kg^{-1})$	有机质 OM/ $(g \cdot kg^{-1})$	pH	全盐 Total salt/ $(g \cdot kg^{-1})$
CK0	0.36±0.00 b	7.21±0.02 f	112.22±2.66 c	8.30±0.01 d	9.19±0.09 a	4.57±0.40 a
F1	0.42±0.00 a	13.67±0.02 a	103.67±1.20 d	8.51±0.01 c	9.08±0.04 a	5.01±0.47 a
F2	0.40±0.01 a	7.70±0.07 e	123.33±1.20 b	9.45±0.01 a	8.82±0.22 a	4.36±0.24 a
F3	0.41±0.01 a	8.72±0.07 c	125.56±0.29 b	9.06±0.02 b	9.06±0.44 a	4.80±0.21 a
F4	0.40±0.00 a	8.30±0.02 d	103.00±0.58 d	9.24±0.01 a	8.94±0.14 a	4.07±0.12 a
F5	0.43±0.01 a	13.23±0.03 b	144.33±0.33 a	8.69±0.02 c	9.01±0.34 a	4.05±0.16 a

（六）有机肥氮替代化肥氮对土壤团聚体参数的影响

分别通过干筛与湿筛获得>0.25 mm 的大团聚体含量，结果如表 3-26 所示。干筛条件下，F1 处理相比其他处理显著增加大团聚体含量，而 F5 处理相比CK0 处理显著降低大团聚体含量；湿筛条件下，各处理下大团聚体含量无显著性差异，其中，F2 处理增加大团聚体含量效果最佳；而 F1 处理下大团聚体含量最低，相比 CK0 处理减少了 12.12%。平均质量直径是评价土壤团聚体稳定性的重要指标，干筛条件下，F2、F3 处理显著增加团聚体平均质量直径，相比 CK0 分别增加了 20.99%、18.23%。湿筛条件下，F1 处理下平均质量直径最低，相比 CK0 降低了 19.05%，而 F2 提高了该土层水稳性团聚体平均质量直径，其他处理也相比 CK0 处理有所提高。F1 处理下 PAD 值最高，其次是 CK0 处理，而其他处理均有所降低，其中 F2、F5 处理相比 F1 处理显著降低土壤PAD。

表 3-26　有机肥氮替代化肥氮土壤团聚体参数

Table 3-26 Effect of substitute of chemical N with organic N on soil aggregate parameters

处理 Treatment	$R_{>0.25}$ /%		MWD/mm		PAD/%
	干筛 Dry sieving	湿筛 Wet sieving	干筛 Dry sieving	湿筛 Wet sieving	
CK0	91.60±0.55 ab	45.78±7.23 a	1.81±0.07 c	0.42±0.07 a	50.02±7.59 ab
F1	93.76±1.13 a	33.66±1.66 a	1.90±0.03 bc	0.34±0.02 a	64.10±2.20 a
F2	79.59±0.66 cd	47.13±6.66 a	2.19±0.03 a	0.47±0.07 a	40.78±7.87 b
F3	87.06±1.30 b	44.83±5.23 a	2.14±0.09 a	0.45±0.05 a	48.50±6.77 ab
F4	85.53±2.49 bc	43.38±3.57 a	2.08±0.09 ab	0.43±0.04 a	49.28±5.66 ab
F5	75.47±3.68 d	43.06±3.28 a	1.91±0.03 bc	0.43±0.03 a	42.94±2.02 b

（七）产量与植株氮素积累量及土壤理化指标的关系

通过相关性分析，结果如表 3-27 可得，籽粒产量与生物产量分别与植株氮素积累量（TPN）呈现极显著、显著正相关，而与土壤理化指标关系发现，籽粒产量，生物产量与土壤全氮间存在显著正相关，而籽粒产量与团聚体破坏率（PAD）间存在显著负相关关系，与湿筛条件下团聚体平均质量直径［W（MWD）］、大团聚体含量［W（$R_{>0.25}$）］间存在显著正相关关系。

三、讨论

玉米长势、产量是反映施肥效果直接的表达。熊波 [14] 通过研究有机肥替

表 3-27　产量与植株氮素积累量及土壤理化指标的关系

Table 3-27 Relationship between yield and plant nitrogen accumulation, soil physical and chemical indexes

指标 Index	TPN	D $(R_{>0.25})$	W $(R_{>0.25})$	D (MWD)	W (MWD)	PAD	pH	TS	TN	AP	AK	OM
籽粒 产量	0.917**	−0.718	0.816*	−0.741	0.894*	−0.833*	−0.655	−0.041	0.907*	0.684	0.322	0.773
生物 产量	0.876*	−0.627	0.734	−0.567	0.726	−0.651	−0.526	−0.429	0.903*	0.623	0.345	0.748

注：** 表示极显著相关水平（$p<0.01$；）* 表示显著相关水平（$p<0.05$）.

Note：** Correlation is significant at the 0.01 level，* Correlation is significant at the 0.05 level.)

代不同比例化肥在青贮玉米上建立田间试验发现，有机肥替代不同比例化肥会降低青贮玉米株高、SPAD 值，但差异性不显著；陈倩[15] 研究认为，有机肥替代化肥比例在 12.5%~37.5%下玉米籽粒产量及生物产量均表现佳；Hisanya[16]、于天一等 [17] 研究也证实了有机无机配施能明显增加作物产量。本试验认为，有机肥替代不同比例化肥会降低玉米株高，会增加叶片 SPAD 值，这与熊波的研究结果有所出入，分析可能原因是采集过程所选叶片位置不同导致，具体原因可在次年试验进一步探讨。本试验产量在有机肥替代 20%化肥处理下最高，这与前人研究结果基本一致。

　　氮肥利用率低一直是中国农业生产中最突出的问题，如何提高氮肥利用率便成为众多研究者的关注重点方向之一 [18]。Dobermann [19] 常用氮素生理利用率、氮素农学效率、氮素偏生产力来评价氮肥利用率，其研究认为氮素生理利用率在 30~60 kg/kg、氮素农学效率在 10~30 kg/kg、氮素偏生产力在 40~70 kg/kg 较为适宜。本研究发现，所有处理下氮素偏生产力均不在适宜范围，而氮素农学效率除了 T5 处理外，其他处理也不在适宜范围。分析可能原因为该地区土壤基础肥力低或者该地区盐碱并重，该地区全氮含量低于0.5 g/kg，处于极缺乏水平，同时，pH 超过 8.5，盐分达到中盐水平(3~

6 g/kg)，对产量的提升形成抑制作用。

　　谢军[5]通过 8 年在西南紫色土上进行有机肥氮替代化肥氮定位试验认为，替代比例为 50%处理促进了玉米对氮素的吸收和向籽粒的转运，提高了地上部氮素积累量；杨旸[20]在河套灌区研究也表明 50%有机无机氮肥配比能提高玉米植株氮素积累量，并不会影响当季氮肥利用率；而本试验发现，有机肥氮替代 20%化肥氮处理下玉米植株氮素积累量最高，这与前人研究相一致，都证明了有机无机配施模式会增加氮素利用率。只是本试验施用有机肥时间较短，无法在短时间培肥地力，所以有机替代率仅为 20%。

　　有机无机肥配施是合理利用资源、保证产量稳定、增强土壤肥力重要的途径，也是实现农业健康发展的重要措施[21]。高洪军等[22]在吉林黑土地区建立有机肥替代化肥试验，结果发现，常规供氮 165 kg/hm² 条件下时，以农家肥替代 30%化肥氮素可增加土壤供氮能力；周晓芬[23]通过盆栽试验研究发现，有机肥替代化肥会增加土壤速效钾含量；王伯仁[24]通过对红壤旱地连续 13 a 定位监测研究发现，有机肥替代化肥会增加土壤有机质与有效磷含量。本试验结果表明，相比常规施肥，有机肥氮替代 20%化肥氮对土壤全氮有增加效果，而其他替代比例均会降低土壤全氮含量，但差异性不显著；同时，有机肥替代化肥处理均能增加土壤有机质、速效钾含量，但降低有效磷含量，这与王博仁的研究结果有所不同，分析可能原因是有机肥中有效磷分解缓慢，或者是在碱性土壤上被固定的缘故。本试验也发现，有机肥替代化肥对土壤全盐与 pH 有降低趋势，这对于盐碱地改良利用有良好效果。

　　土壤团聚体的平均质量直径（MWD）与大团聚体含量（$R_{0.25}$）是评价土壤团聚体稳定性的重要指标，其值越大表示团聚体稳定性越强。团聚体破坏率(PAD)能直观表现土壤团聚体的稳定性，它解释了土壤团聚体受水力机械破坏而导致分散程度的大小，其值越小代表土壤结构越稳定[25]。周芸等[26]研究认为有机肥氮替代化肥氮比例超过 20%均会增加土壤水稳性团聚体含量、荣勤雷[27]在河北省设施菜田研究表明配施25%猪粪对土壤团聚体的影响不显著，配施比例达50%才能显著提高水稳性团聚体、MWD；本试验研究结果也证实了这一点，在湿筛条件下，有机肥氮替代不同化肥氮处理均能明显增加大团聚体含量与平均质量直径，且替代比例越高，增幅越大，同时，土壤团聚体破坏率在有机肥替代化肥处理下有降低趋势，替代比例在100%处理湿筛条件下大团聚体含量与MWD最高，而土壤破坏率最低，这与当年高量有机肥投入有关，有机肥矿化速率慢，腐殖化程度低，会增加湿筛条件下耕层土壤大团聚体含量，表现出土壤结构较为稳定。但随着有机质不断矿化，大团聚体含量也会发生变化，土壤结构稳定性仍会发生变化，这在以后的工作中仍需关注。

四、结论

在银北盐碱地土壤低肥力条件下，基于常规施氮量，有机肥氮替代20%化肥氮在稳收益的前提下，可显著增加氮素利用率、氮素偏生产力以及氮素农学效率。同时，可明显增加速效钾含量，此外，对土壤全盐含量也产生一定抑制作用，且降低土壤破坏率，增强土壤结构稳定性。由于试验年限较短，单年试验数据未能完全表征有机肥替代优势，本试验将长久定位，继续探讨土壤肥力变化。

参考文献

[1] 巨晓棠，谷保静. 我国农田氮肥施用现状、问题及趋势 [J]. 植物营养与肥料学报，2014，20（4）：783-795.

JU X T, GU B J, Status-quo, problem and trend of nitrogen fertilization in China [J]. *Journal of Plant Nutrition and Fertilizer*, 2014, 20（4）：783-795.

[2]　吕凤莲，侯苗苗，张弘弢，等.娄土冬小麦–夏玉米轮作体系有机肥替代化肥比例研究［J］.植物营养与肥料学报，2018，24（1）：22–32.

Lü F L，HOU M M，ZHANG H T，*et al*. Replacement ratio of chemical fertilizer nitrogen with manure underthe winter wheat－summer maize rotation system in Lou soil［J］.*Journal of Plant Nutrition and Fertilizer*，2018，24（1）：22–32.

[3]　温延臣，张曰东，袁亮，等.商品有机肥替代化肥对作物产量和土壤肥力的影响［J］.中国农业科学，2018，51（11）：2136–2142.

WEN Y C，ZHANG Y D，YUAN L，*et al*. Crop yield and soil fertility response to commercial organic fertilizer substituting chemical fertilizer［J］.*Scientia Agricultura Sinic*，2018，51（11）：2136–2142.

[4]　蔡泽江，孙楠，王伯仁，等.长期施肥对红壤pH、作物产量及氮、磷、钾养分吸收的影响［J］.植物营养与肥料学报，2011，17（1）：71–78.

CAI Z J，SUN N，WANG B R，*et al*. Effects of long－term fertilization on pH of red soil，crop yields and Uptakes of nitrogen，phosphorous and potassium［J］.*Journal of Plant Nutrition and Fertilizer*，2011，17（1）：71–78.

[5]　谢军，赵亚南，陈轩敬，等.有机肥氮替代化肥氮提高玉米产量和氮素吸收利用效率［J］.中国农业科学，2016，49（20）：3934–3943.

XIE J，ZHAO Y，CHEN X J，*et al*. Nitrogen of organic manure replacing chemical nitrogenous fertilizer improve maize yield and nitrogen uptake and utilization efficiency［J］.*Scientia Agricultura Sinic*，2016，49（20）：3934–3943.

[6]　祝英，王治业，彭轶楠，等.有机肥替代部分化肥对土壤肥力和微生物特征的影响［J］.土壤通报，2015，46（5）：1161–1167.

ZHU Y，WANG Z Y，PENG Y N，*et al*. Changes of soil nutrients and microbial communities under the condition of organic fertilizers replacing part of chemical fertilizer [J]. *Chinese Journal of Soil Science*, 2015, 46 (5): 1161-1167.

[7] 杨明，孙毅，高玉山，等.有机肥对苏打盐碱土的改良效果研究 [J]. 吉林农业科学，2013，38 (3)：43-46.

YANG M，SUN Y，GAO Y，*et al.* Effects of organic manure on improving soda saline-alkali soil [J]. *Journal of Jilin Agricultural Sciences*, 2013, 38 (3): 43-46.

[8] 鲍士旦，土壤农化分析 [M]. 北京：中国农业出版社，2000.

BAO SH D. Soil agrochemical analysis [M]: Bneijing, *China agriculatural press*, 2000.

[9] 李酉开.土壤农化分析结果计算式的正确表达 [J].土壤通报，2000，31 (6)：275-276.

LI Y K. Correct expression of calculation formula for soil agrochemical analysis results [J]. *Journal of Soil Science*, 2000, 31 (6): 275-276.

[10] 孙海燕，杜丹凤，马倩，等.秸秆还田条件下尿素与腐植酸配施对玉米养分吸收，土壤养分及酶活性的影响 [J]. 中国土壤与肥料，2021 (3)：102-109.

SUN H Y，DU D F，MA Q，*et al.* Effects of urea and humic acid on nutrient absorption and soil nutrient, enzymatic activity in maize under straw returning [J]. *Soil and Fertilizer Sciences in China*, 2021 (3): 102-109.

[11] 王合云，李红丽，董智，等.滨海盐碱地不同造林树种林地土壤盐碱化特征 [J].土壤学报，2015，52 (3)：706-712.

WANG H Y，LI H L，DONG Z，*et al.* Salinization characteristics of afforested coastal saline soil as affected by species of trees used in afforestation

[J] . *Acta Pedologica Sinica*, 2015, 52 (3): 706−711.

[12] 李晓丽, 王成宝, 杨思存, 等.深松深度对灌耕灰钙土团聚体分布及稳定性的影响 [J] .中国土壤与肥料, 2021 (3): 9−17.

LI X L, WANG CH B, YANG S C, *et al.* Effects of subsoiling tillage depth on soil aggregate distribution and stability of irrigated sierozem farm−land in Gan−su Yellow River irrigation area, Northwest China [J] . *Soil and Fertilizer Sciences in China*, 2021 (3): 9−17.

[13] 吴萍萍, 李录久, 耿言安, 等.不同新型肥料对江淮地区水稻生长及氮素吸收利用的影响 [J] .中国土壤与肥料, 2019 (3): 149−153.

WU P P, LI L J, GENG Y A, *et al.* Effects of new−type fertilizers on rice growth, nitrogen uptake and utilization in Jianghuai region [J] . *Soil and Fertilizer Sciences in China*, 2019 (3): 149−153.

[14] 熊波, 王琛, 张莉, 等.有机肥替代化肥对京郊夏播青贮玉米生长与饲料品质的影响 [J] .中国土壤与肥料, 2021 (3): 141−147.

XIONG B, WANG CH, ZHANG L, *et al.* Effects of organic fertilizer substituting chemical fertilizer on the growth and quality of summer silage maize in Beijing suburbs [J] . *Soil and Fertilizer Sciences in China*, 2021 (3): 141−147.

[15] 陈倩, 谢军红, 李玲玲, 等.不同比例有机肥替代化肥对玉米生长及水分利用效率的影响 [J] .干旱地区农业研究, 2021, 39 (6): 162−170.

CHEN Q, XIE J H, LI L L, *et al.* Effects of different proportions of or−ganic fertilizer substitutes for chemical fertilizer on growth characteristics and water use efficiency of maize [J] . *Agricultural Research in the Arid Areas*, 2021, 39 (6): 162−170.

[16] Hisanya C A, Mucheru M W, Mugendi D N, *et al.* Effect of organic and

inorganic nutrient sources on soil mineral nitrogen and maize yields in central highlands of Kenya. *Soil & Tillage Research*，2009，103：239-246.

[17] 于天一，逄焕成，李玉义，等.红壤旱地长期施肥对春玉米光合特性和产量的影响 [J]．中国农业大学学报，2013，18（2）：17-21.

YU T Y，P H CH，LI Y Y，*et al.* Effects of long-term fertilization on photnthetic characteristicsand yield of spring maize in upland red soil [J]．*Journal of China Agricultural University*，2013，18（2）：17-21.

[18] 苗琪，于宝超，孙福来，等.氮肥种类和用量对黄河三角洲玉米产量及氮肥利用率的影响 [J]．植物营养与肥料学报，2020，26（4）：717-726.

MIAO Q，YU B C，SUN F L，*et al.* Effects of nitrogen fertilizer type andrate on maize yield and nitrogen use efficiency in the Yellow Riverdelta [J]．*Journal of Plant Nutrition and Fertilizers*，2020，26（4）：717-726.

[19] Dobermann A R. Nitrogen use efficiency - state of the art [A]．IFA international workshop. Enhanced efficiency fertilizers [C]．*Frankfurt，Germany*，2005.

[20] 杨旸，崔超，马广全，等.有机肥氮替代化肥氮对河套灌区春玉米生长发育，氮素效率及产量的影响 [J]．河南农业科学，2020，49（2）：9-16.

YANG Y，CUI CH，MA G Q，*et al.* Effect of nitrogen of organic manure replacing chemical nitrogenous fertilizer on growth，nitrogen use Efficiency and yield of maize in Hetao irrigation area [J]．*Journal of Henan Agricultural Sciences*，2020，49（2）：9-16.

[21] 周慧，史海滨，徐昭，等.有机无机肥配施对盐渍土供氮特性与作物水氮利用的影响 [J]．农业机械学报，2020，51（4）：299-307.

ZHOU H，SHI H B，XU ZH，*et al.* Effects of combined application of organic and inorganic fertilizers on nitrogen supply and crop water and nitrogen utilization in salinized soils [J]. *Transactions of the Chinese Society for Agricultural Machinery*, 2020, 51 (4): 299−307.

[22] 高洪军, 朱平, 彭畅, 等. 等氮条件下长期有机无机配施对春玉米的氮素吸收利用和土壤无机氮的影响 [J]. 植物营养与肥料学报, 2015, 21 (2): 318−325.

GAO H J, ZHU P, PENG C, *et al*. Effects of partially replacement of inorganic N with organic materials on nitrogen efficiency of spring maize and soil inorganic nitrogen content under the same N input [J]. *Journal of Plant Nutrition and Fertilizer*, 2015, 21 (2): 318−325.

[23] 周晓芬, 张彦才, 李巧云. 有机肥料对土壤钾素供应能力及其特点研究 [J]. 中国生态农业学报, 2003, 11 (2): 61−63.

ZHOU X F, ZHANG Y C,, Ll Qi Y. The K supplying capability and characteristics of organic fertiliezers to soil [J]. *Chinese Journal of Eco−Agrieultue*, 2003, 11 (2): 61−63.

[24] 王伯仁, 徐明岗, 文石林. 长期不同施肥对旱地红壤性质和作物生长的影响 [J]. 水土保持学报, 2005, 19 (144): 97−100.

WANG B R, XU M G, WEN SHI L. Effect of long Time fertilizers application on soil characteristics and crop growth in red soil upland [J]. *Journal of Soil and Water Conservation*, 2005, 19 (144): 97−100.

[25] 王俊, 李强, 任禾, 等. 吉林省西部不同耕作模式对土壤团聚体特征的影响 [J]. 植物营养与肥料学报, 2020, 26 (2): 603−612.

WANG J, LI Q, REN H, *et al*. Soil aggregate characteristics under different tillage and in−situ straw returning methods in western Jilin, China [J]. *Journal of Plant Nutrition and Fertilizer*, 2020, 26 (2): 603−612.

[26] 周芸, 李永梅, 范茂攀, 等. 有机肥等氮替代化肥对红壤团聚体及玉米产量和品质的影响 [J]. 作物杂志, 2019 (4): 8.125-132.

ZHOU Y, LI Y M, FAN M B, et al. Effects of nitrogen in organic manure replacing chemical nitrogenous fertilizer on aggregatesof red Soil, maize yield and quality [J]. Crops, 2019 (4): 8.125-132.

[27] 荣勤雷, 李若楠, 黄绍文, 等. 不同施肥模式下设施菜田土壤团聚体养分和微生物量特征 [J]. 植物营养与肥料学报, 2019, 25 (7): 1084-1096.

RONG Q L, LI R N, HUANG SH W, et al. Characteristics of nutrients and microbial biomass in soil aggregates under different fertilization modes in greenhouse vegetable production [J]. Journal of Plant Nutrition and Fertilizer, 2019, 25 (7): 1084-1096.

第四章
农艺改良盐渍化耕地效果分析及应用

通过对 184 个监测点开展动态监测，分析盐碱地农艺改良效果。结果表明，采取秸秆还田、机械深翻、施用有机肥、绿肥种植、施用磷石膏等农艺改良措施，取得了显著的效果。一是脱盐过程明显。总体来看通过三年的持续农艺改良，耕地土壤全盐含量整体明显降低，灌溉末梢的惠农地区的重度盐渍化区域明显改善；监测数据表明，全盐含量降低了 0.98g/kg，pH 从平均的 8.54 降低到了 8.34。二是离子之间相关关系和组合特征发生了变化。2017 年土壤全盐含量是由 SO_4^{2-}、Cl^- 和 Na^+ 等盐基离子含量起主导作用，2019 年土壤全盐含量由 SO_4^{2-}、HCO_3^-、Cl^-、Na^+ 和 Ca^{2+}，各种盐基离子含量更加均衡，单盐毒害作用减弱。三是盐渍化类型发生改变。土壤盐渍化主要特征离子从 Mg^{2+}、Cl^- 和 Na^+ 转变成了 SO_4^{2-}、Cl^- 和 Na^+，主要危害离子 Cl^- 和 Na^+ 含量占比明显降低，盐化类型以氯化物型为主转变成以硫酸盐型和氯化物型为主。四是土壤理化及生物学明显改善。土壤有机质、氮磷钾等肥力指标显著提升，微生物群落结构发生变化，活性显著增强，土壤酶活性明显改善，土壤团聚体数量显著增加，土壤结构得到改善，保水保肥能力明显提高。

第一节　盐碱地农艺改良措施

一、主推技术

（一）秸秆培肥改良

小麦、水稻留茬收获后，进行机械灭茬，将高度 20 cm 以上的高留茬秸秆粉碎为长度 5 cm 左右的秸秆碎屑，玉米收获后进行秸秆粉碎处理，粉碎的秸秆碎屑均匀铺撒在地表，每亩用 3~4 kg 秸秆腐熟剂、8~10 kg 尿素混合均匀，撒在地表秸秆上，或将混合均匀的秸秆腐熟剂和尿素与湿沙土混合后用撒肥机直接撒于地表，配合秋耕深翻入土。小麦、水稻留田秸秆量每亩 400 kg 左右，玉米留田秸秆量每亩 600 kg 左右。

（二）机械深翻深松

机械深翻选择 90 马力以上动力机械，配备深翻机械进行深翻，翻深控制在 30 cm 为宜，最浅不得低于 25 cm；机械深松选择适宜马力的拖拉机，配带深松部件的联合整地机械，在不打乱原有土层结构的情况下，深松 30 cm 以上。

（三）施用有机肥

在测土配方基础上施用商品有机肥或腐熟处理的农家肥。商品有机肥施用：小麦播种前结合整地施入，亩用量 70~100 kg；水稻结合大田最后一次翻耕施入，亩用量 50~80 kg；玉米结合大田最后一次翻耕施入，亩用量 120~160 kg；农家肥亩施用量 1 500~3 000 kg。

（四）绿肥种植

小麦收获后，播种豆科作物，九月下旬青体直接翻压还田；水稻、玉米收获后，播种冬牧 70 绿肥，及时冬灌，第二年 5 月上中旬收割牧草，留茬深翻入土。

（五）磷石膏及脱硫石膏化学改良

磷石膏及脱硫石膏来源于工业副产物，有效成分为硫酸钙，主要适用于土壤 pH 大于 8.2、灌排通畅的盐碱地一次施入，每亩施用量 1 500 kg 左右。均匀撒于地表，用大型旋耕机械旋耕 25 cm 以上，使石膏与土壤掺混均匀。盐碱荒地要先平整土地再施用，加大用量，旋耕深度 30 cm 以上。与秸秆还田、有机肥配合施用效果更好。

（六）土壤调理剂

插秧水稻在插秧前灌泡田水时将调理剂随灌水冲入田中，或分两次用水稀释 500~600 倍泼洒到秧田，亩用量 1.5~2 kg；直播稻在播种后第一次灌水时随水冲入田中，亩用量 1~1.5 kg；玉米在播种前稀释 15~20 倍用喷雾器均匀喷洒于土表，亩用量 2~3 kg。

（七）高效节水及高垄栽培

在轻、中度盐碱地区域，因地制宜发展以水肥一体化技术为核心的滴灌、喷灌高效节水技术；在中度盐碱地示范高垄栽培技术，垄高 35~40 cm、垄沟距 80 cm，垄面宽 120 cm，在垄面上进行种植，垄沟灌溉，抬高种植地面，降低灌溉水位。

（八）以渔治碱

在中、重度盐碱地水稻田开展"稻鱼共养"；在水源有保障但盐碱度高、不适宜种植作物的盐碱荒地，或者水源有保障但排水困难的低洼中低产田，养殖适应不同盐碱水质类型、高附加值的鱼、虾、蟹等水产品种，将水产养殖的塘泥返田培肥。

二、农艺改良综合措施

（一）技术模式一：机械深翻+秸秆培肥+有机肥

该技术模式适用于一般盐碱地区域。技术指标：水稻/玉米秸秆灭茬粉碎，秸秆颗粒长度<5 cm，水稻/玉米秸秆还田量不超过 400 kg/667 m² 和 600 kg/667 m²；机械深翻配套动力机械 90 马力以上，翻深>25 cm；商品有机肥水稻经济用量120~160 kg/667 m²、玉米经济用量 140~200 kg/667 m²，具体用量可以根据实际情况在推荐范围内自行确定，施用时间以秋季至灌冬水前结合深翻施入或早春整地施肥时同期施入；农家肥根据原材料的不同结合实际自行确定，一般 1 000~2 000 kg/667 m²，冬灌前结合机械深翻一次性施入或早春结合整地施肥一次性施入土壤。

（二）技术模式二：机械深翻+秸秆培肥+有机肥+土壤调理剂

该技术模式适用于贺兰县、兴庆区、平罗县及银川以南轻、中度盐碱地区域。技术参数：秸秆还田和有机肥施用技术参数同技术模式一；土壤调理剂作为一种新型土壤调控类产品，在轻、中度盐碱地上有一定的施用效果，不同产品用量略有差别，液体类土壤调理剂通常用量在 1~3 kg/667 m²，固体类调理剂在200~500 kg/667 m²；液体类产品播种前喷施在地表或随水灌溉施用，固体类产品结合深翻时同期施入。

（三）技术模式三：机械深翻+秸秆培肥+有机肥+磷石膏

该技术模式适用于大武口区、惠农区、平罗县等碱化度较重的区域和各地新开垦碱化度较重的耕地区域。磷石膏施用根据当地土壤 pH 确定，参考表 4-1。

表 4-1 盐碱地磷石膏或脱硫石膏参考施用量

单位：t/667 m²

土壤 pH	8.2	8.5	9.0	9.5	10.0	10.5
磷石膏施用量	1.01	1.24	1.71	2.27	2.91	3.64
脱硫石膏用量	0.87	1.08	1.49	1.97	2.53	3.16

磷石膏施用注意事项：

① 一定时期内（5~10 年）只施用一次，且忌每年都施用。

② 施用要选择既能满足施用深度、又能把石膏粉与土壤颗粒充分混匀的方法。施用深度应达 25 cm，尽量做到机械能够翻多深就施多深，使石膏粉与土壤颗粒充分混匀。

③ 根据农事操作全年任何时间都可施用。但通常不能影响生产，最佳时期在夏灌停止至冬灌之前，只要田间道路条件较好，可随运随施。

④ 施用后要加强有效灌、排措施，适当加强灌水和排水。

第二节　农艺综合措施对盐碱地盐渍化特征的影响评价

盐渍化耕地改良利用是一项世界性难题。耕地盐渍化严重影响了农业生产和生态环境的可持续发展 [1]，根据联合国教科文组织和世界粮农组织统计，全球盐碱地面积约 9.54 亿 hm² [2]。我国的土壤盐渍化问题尤为突出 [3]，盐碱地总面积达 9 913 万 hm² [4]。宁夏的耕地不同程度受到盐渍化危害 [5]，据统计全区盐渍化耕地面积达 17.58 万 hm²，约占现有耕地面积的 13.6%，主要集中在银川以北的引黄灌区，该区域耕地总面积 14.92 万 hm²，盐渍化耕地面积占到 60% 以上，严重制约了当地农业生产可持续发展 [6]。改造和治理盐渍化耕地是实现农业可持续发展的一个重要途径，同时对改善生态环境，推动区域社会、经济和生态的可持续发展也具有十分重要的意义。

目前，针对宁夏盐渍化耕地土壤治理开展了大量研究工作，主要集中于盐碱地改良及开发利用方面 [7-10]，樊丽琴等开展了施用脱硫石膏对宁夏盐化碱土水盐运移特征的影响研究；王静等开展了脱硫石膏改良宁夏典型龟裂碱土效果研究及其安全性评价，还研究了不同牧草品种及轮作方式对盐碱地改良效果；马飞等开展了秸秆还田与有机肥对银北盐碱地春小麦光合作用及生长的影响研究。对宁夏引黄灌区盐渍化耕地盐离子特征的相关研究较少，仅樊丽琴对平罗县西大滩和惠农区星火村两地的土壤盐分特征开展了调查研究[11]，郭军成以银北灌区为研究对象，开展了更大尺度的盐碱地盐离子特征分析[6]。但针对宁夏盐渍化耕地改良前后盐离子变化特征的研究鲜有报道。因此，本研究对银北灌区农艺改良措施下盐离子变化特征及离子间的关系变化开展了调查研究，为进一步开展盐碱地治理提供理论依据。

宁夏耕地盐渍化危害主要表现为春季土壤化冻后，下层水的盐分离子随土壤毛管水上行在地表积累，对农作物出苗及苗期生长产生危害，摸清耕地盐渍化特征是开展盐碱地治理的基础。分别在惠农区、大武口区、平罗县、贺兰县和兴庆区采集 184 个盐渍化耕地土样，采用数量统计、相关分析和主成分分析，对 2019 年银北盐碱地盐渍化特征开展分析。结果表明，通过持续 3 年的农艺综合措施改良，取得了良好的效果。

一、材料与方法

（一）研究区域概况

研究区域位于东经 105°53′~106°39′、北纬 38°21′~39°25′，为宁夏干旱半干旱地区。分别在引黄灌区中下游的兴庆区通贵乡、月牙湖乡、掌政镇，贺兰县立岗镇、金贵镇、常信乡、洪广镇，平罗县宝丰镇、高仁乡、黄渠桥镇、灵沙镇、渠口乡、姚伏镇，惠农区燕子墩乡、红果子镇、庙台乡、礼和乡、尾闸镇选择试验样地。当地年平均降水量为 167.5~188.8 mm，年平均气温 8.4~9.9 ℃。2017—2019 年，每年在各试验样地采取机械深翻+有机肥+秸秆还田技术模式，连续 3 年开展盐碱地农艺改良试验。机械深翻 30 cm，有机肥用量为 100 kg/667 m²，秸秆还田量为 150~300 kg/667 m²，于 2017 年一次性施入磷石膏 1 500 kg/667 m²。

（二）土壤样品采集

分别于 2017 年、2019 年春季土壤化冻后进行整地之前，在各试验样地根据土壤盐渍化程度采集轻度盐化、中度盐化、重度盐化土壤样品。每年共采集样点 184 个。为保证土壤样品具有代表性，选择面积超过667 m² 的地块进行采样，采用 S 型采样法，采集 0~20 cm 土样，混合均匀后使用四分法取约 500 g 土样装入自封袋带回实验室备用。

（三）分析方法

土壤有机质、pH 的测定方法参考文献 [12]。采用重铬酸钾氧化外加热法测定土壤有机质，使用 pH 计测定土壤 pH（水土比为 2.5∶1.0）。土壤离子含量的测定方法参考文献 [13]。采用火焰光度计法测定 Na⁺、K⁺质量比，采用标准 H_2SO_4 滴定法测定 CO_3^{2-}、HCO_3^- 质量比，采用 EDTA 容量法测定 Ca^{2+}、Mg^{2+}、SO_4^{2-} 质量比，采用标准 $AgNO_3$ 滴定法测定 Cl^- 质量比。

（四）数据处理

使用 Excel 2016 建立数据库并绘图，使用 SPSS 19.0 进行数据处理及统计分析。

二、结果分析

（一）土壤 pH 和全盐变化

根据各点监测数据（表 4-2），2019 年银北地区盐碱地 0~20 cm 土壤 pH 平均为 8.34，范围为 7.65~10.00；从变异系数（Cv）来看，变异系数小于 10%，为弱变异，表明 0~20 cm 土壤 pH 空间差异不大。20~50 cm 土壤 pH 平均为 8.43，略高于上层土壤，变化范围为 7.65~10.00，变异系数同样为 5%，说明 20~50 cm 土壤 pH 空间差异也不大。与 2017 年相比，0~20 cm 土壤 pH 平均值降低了 0.2，20~50 cm 土壤 pH 平均值降低了 0.25。

对全盐监测结果表明，0~20 cm 土壤全盐平均含量为 2.57 g/kg，变化范围为0.39~9.94 g/kg，变异系数为 65%，属于中等变异，说明 0~20 cm 土壤全盐空间差异较大；从分级结果来看，有 27.7% 的监测点未达到耕地盐渍化标准，轻度盐渍化占 46.2%，中度盐渍化占 23.9%，重度盐渍化仅 2.2%。20~

50 cm 土壤全盐平均含量为 2.10 g/kg，低于上层土壤，说明春季盐离子表聚现象明显；含量变化范围为 0.30~7.34 g/kg，变异系数为 54%，属于中度变异，空间差异较大。与 2017 年相比，土壤全盐含量明显降低，0~20 cm 土壤全盐降低了 0.97 g/kg，0~50 cm 土壤全盐降低了 0.34 g/kg，耕层土壤脱盐十分明显。

表4-2 银北盐碱地土壤 pH 和全盐监测统计结果

深度/cm		pH		全盐/$(g \cdot kg^{-1})$	
		2019 年	2017 年	2019 年	2017 年
极小值	0~20	7.65	8.09	0.39	0.78
	20~50	7.65	8.14	0.30	0.39
极大值	0~20	10.00	9.39	9.94	12.10
	20~50	10.00	9.6	7.34	11.0
均值	0~20	8.34	8.54	2.57	3.55
	20~50	8.43	8.68	2.10	2.44
Cv	0~20	5%	4.5%	65%	54%
	20~50	5%	4.7%	54%	53%

为直观、准确地描述银北地区土壤含盐量水平方向上的空间分布情况，根据 Kriging 插值方法，利用 Surfer11 进行插值分析，绘制了 0~20 cm 土层土壤含水量和含盐量的空间分布等值线图（图 4-1）。从等值线图可以看出，2017 年银北盐碱地存在着两个明显的高值中心，分别位于东北区和东南区，且东北区高值中心面积较大；大片区域为含盐量 4.0 g/kg 以上的绿色和黄色的中等值区域。2019 年等值线图东北部区域高值中心全部消失，大片区域为含盐量 1.0~3.0 g/kg 的低值区域，仅在中东部存在小面积 4.0~6.5 g/kg 的高值区域。因此，可以直观地反映出通过三年的农艺集成技术的改良，银北地区耕地盐渍化程度明显降低。

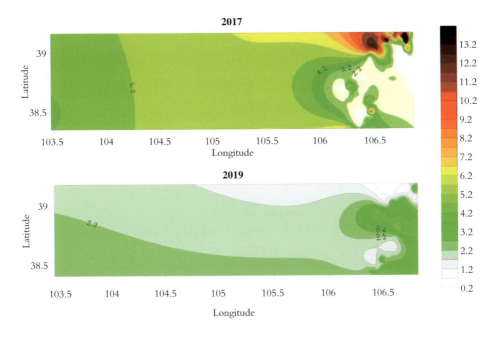

图 4-1　银北地区盐碱地含盐量（0~20 cm）等值线分布图

说明：图 4-1 反映了 2017 年和 2019 年春季盐渍化耕地全盐空间分布特征，横坐标为经度，纵坐标为纬度；根据盐渍化耕地分级标准，全盐含量在 1.5 g/kg 以下渲染颜色为白色，全盐含量在 1.5~3.0 g/kg 渲染颜色为绿色，全盐含量在 3.0~6.0 g/kg 渲染颜色为黄色，全盐含量在 6.0~10.0 g/kg 渲染颜色为红色，全盐含量在 10.0 g/kg 以上渲染颜色为黑色。

（二）盐离子含量分析

以 2017 年的土样测试结果作为改良前土壤盐离子质量比背景值，盐离子质量比统计结果如表 4-3 所示。SO_4^{2-}、Cl^-、Na^+、Mg^{2+} 和 K^+ 质量比均有所降低，其中 Cl^-、Na^+、Mg^{2+} 和 SO_4^{2-} 降低幅度很大，分别减少了 0.67 g/kg、0.41 g/kg、0.08 g/kg、0.30 g/kg，降幅分别为 61.5%、47.7%、36.4% 和 25.6%；CO_3^{2-} 和 HCO_3^- 含量有所增加，Ca^{2+} 含量变化不大。

变异系数（Cv）能反映随机变量的离散程度，根据变异系数划分标准，CV≤10% 为弱变异性，10%<CV<100% 为中等变异性，CV≥100% 为强变异

性[14-15]。改良前，土壤中盐分离子分布的变异系数介于 41%~263%，仅 HCO_3^- 为中等变异，其余离子均为强变异，离子空间异质性大。通过农艺措施改良，土壤中盐分离子分布的变异系数介于 64%~204%，HCO_3^-、SO_4^{2-}、Mg^{2+} 和 Cl^- 为中等变异，离子分布的空间异质性降低。

表 4-3　宁夏银北灌区土壤盐离子含量统计结果

单位：g/kg

离子	2019 年				2017 年			
	均值	极小值	极大值	Cv/%	均值	极小值	极大值	Cv/%
CO_3^{2-}	0.05	0	0.86	204%	0.02	0	0.32	245%
HCO_3^-	0.52	0	1.89	64%	0.35	0.13	1.02	41%
SO_4^{2-}	0.87	0.02	4.76	78%	1.17	0.01	12.4	125%
Cl^-	0.42	0	2.99	100%	1.09	0.04	21.1	263%
Ca^{2+}	0.32	0	2.32	123%	0.32	0.04	2.44	140%
Mg^{2+}	0.14	0	0.64	88%	0.22	0.01	3.91	206%
Na^+	0.45	0	2.69	108%	0.86	0.04	17.4	238%
K^+	0.03	0	0.36	119%	0.04	0	0.4	120%

通过对比各离子占八种离子之和的比重（图 4-2），发现 2019 年各种离子占比更加均衡，Cl^- 和 Na^+ 占比明显降低。

（三）相关性分析

土壤中盐离子的相关性揭示了各离子和全盐以及离子之间的关系，在一定程度上反映了离子在土壤中的变化趋势[16]。本试验采用 Pearson 相关分析法对不同年度土壤中的离子进行了相关性分析，结果如表 4-4 所示。

改良前土壤全盐与除 CO_3^{2-} 和 HCO_3^- 外的其他 6 种离子存在极显著的正相关性，但相关系数均小于 0.5，这说明 6 种离子与全盐的相关关系不强，改良前土壤全盐量可能共同受到 SO_4^{2-}、Cl^-、Ca^{2+}、Mg^{2+}、Na^+ 和 K^+ 的影响；各离

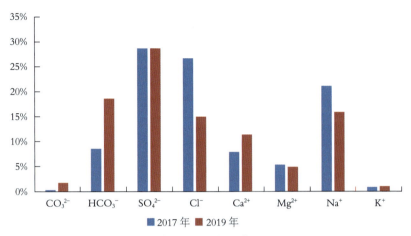

图 4-2　2017 年和 2019 年盐基离子比重变化

表 4-4　土壤盐分离子相关关系矩阵

年份	项目	全盐	CO_3^{2-}	HCO_3^-	SO_4^{2-}	Cl^-	Ca^{2+}	Mg^{2+}	Na^+	K^+
	全盐	1								
	CO_3^{2-}	−0.023	1							
	HCO_3^-	−0.038	0.561**	1						
	SO_4^{2-}	0.419**	−0.053	−.0197*	1					
2017	Cl^-	0.431**	−0.007	−0.105	0.571**	1				
	Ca^{2+}	0.482**	−0.130	−0.215**	0.675**	0.679**	1			
	Mg^{2+}	0.413**	−0.050	−0.112	0.639**	0.923**	0.677**	1		
	Na^+	0.429**	0.023	−0.095	0.535**	0.971**	0.656**	0.867**	1	
	K^+	0.456**	0.260**	0.160*	0.569**	0.715**	0.503**	0.770**	0.650**	1
	全盐	1								
	CO_3^{2-}	−0.12	1							
	HCO_3^-	0.185*	0.330**	1						
	SO_4^{2-}	0.735**	0.05	0.010	1					
2019	Cl^-	0.618**	0.320**	0.189*	0.272**	1				
	Ca^{2+}	0.545**	−0.100	0.010	0.667**	0.100	1			
	Mg^{2+}	0.513**	−0.080	−0.080	0.487**	0.288**	0.543**	1		
	Na^+	0.639**	0.164*	0.130	0.288**	0.834**	0.100	0.251**	1	
	K^+	0.346**	0.030	0.050	0.278**	0.409**	0.204*	0.452**	0.381**	1

注：* 表示在 $P<0.05$ 水平显著相关，** 表示在 $P<0.01$ 水平显著相关。

子间相关性分析表明，Cl^- 与 Mg^{2+} 和 Na^+ 有很强的相关性，相关系数分别是 0.923、0.971，呈极显著正相关，初步判断改良前土壤盐渍化类型主要以 NaCl 和 $MgCl_2$ 的形式存在。改良后，土壤全盐与除 CO_3^{2-} 以外的其他 7 种离子显著相关，从相关系数来看，土壤全盐量与 SO_4^{2-}、Mg^{2+}、Cl^-、Na^+ 和 Ca^{2+} 为中度相关；各离子间相关性分析表明，Cl^- 与 Na^+ 有着极显著强相关，相关系数为 0.834，初步判断土壤盐渍化类型主要以 NaCl 的形式存在。

（四）土壤盐渍化主导因子分析

由于改良前后土壤盐离子的空间变异较大，为了更加准确地反映盐分离子的存在状态，采用主成分分析法，对改良前后盐渍化的主导因子进行获取[17]。以方差累计贡献率大于 80% 作为依据来确定因子个数 [18]，对 8 种离子进行主成分分析，以对土壤盐渍化做出正确的评价。

对改良前后土壤盐离子进行主成分分析，获得因子载荷矩阵（表 4-5），各指标系数的大小反映该指标对各主成分的贡献程度。从主成分载荷来看，改良前与第一主成分密切相关的是 Cl^-、Mg^{2+} 和 Na^+，相关系数绝对值都超过 0.9，而这几个变量与土壤全盐含量高低密切相关，因此可以将 Cl^-、Mg^{2+}、Na^+ 看作是影响土壤盐分的主要离子类型。改良后，所有离子与第一主成分均

表 4-5　土壤主成分因子载荷矩阵

年份	主成分	CO_3^{2-}	HCO_3^-	SO_4^{2-}	Cl^-	Ca^{2+}	Mg^{2+}	Na^+	K^+	累计贡献率%
2017	1	−0.015	−0.135	0.759	0.936	0.811	0.934	0.904	0.803	53.5
	2	0.873	0.864	−0.122	0.031	−0.193	0.009	0.042	0.371	72.4
	3	0.013	0.064	0.209	−0.265	0.149	−0.225	−0.264	0.003	81
2019	1	−0.11	0.096	0.78	0.641	0.62	0.677	0.621	0.51	37.9
	2	0.129	0.266	−0.451	0.639	−0.631	−0.331	0.64	0.158	56.2
	3	0.773	0.743	0.059	−0.076	0.15	0.008	−0.206	0.029	69.8
	4	0.325	−0.354	−0.114	0	−0.192	0.339	−0.155	0.675	80.1

不存在密切相关，说明土壤中盐离子毒害作用明显减弱。

将 9 维空间的样本点降维映射，绘制第 1 主成分和第 2 主成分二维辨别关系图（图 4-3）。改良前，Cl⁻、Na⁺、Mg²⁺ 三种离子明显聚为一类，位于第一主成分正端，载荷值最大，进一步说明这三种离子是盐渍化主要特征离子，土壤盐渍化类型主要以 NaCl 和 MgCl₂ 的形式存在。通过 3 年的农艺改良后，Cl⁻和 Na⁺聚为一类，但载荷值较小，且 Cl⁻和 Na⁺含量明显降低，进一步说明盐离子危害明显减弱。

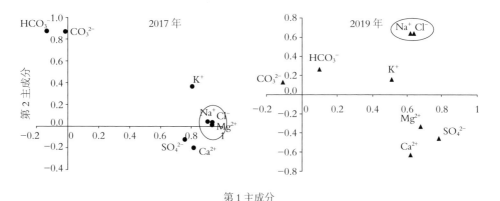

图 4-3 第 1 主成分与第 2 主成分二维辨别关系

三、讨论

盐碱地改良对土体脱盐是一个难点问题，也是判定盐碱地改良效果的关键指标。本研究采取机械深翻+有机肥+秸秆还田+磷石膏技术模式开展盐碱地农艺改良，结合了生物、物理和化学改良剂的优点，实现了低成本快速降盐，土壤中盐离子总量降低了 30.9%，土壤脱盐过程明显，这与张晓东等采取磷石膏、牛粪、腐殖酸和玉米秸秆为复合改良物料对滨海盐土开展改良的研究结果一致 [19]。

盐碱地中的某些离子浓度过高会对植物产生不同程度的危害，当土壤中 Cl⁻浓度过高会对植物产生直接危害 [20]，尤其是对植物根系产生毒害作用，抑制作物对有效磷的吸收；Na^+含量较高时，Na^+从土壤胶体中交换出一定量的 Ca^{2+}、Mg^{2+}或$NH4^+$，破坏土壤结构，使土壤保水保肥性及可耕作性变差[21]，同时 Na^+与 K^+之间存在拮抗作用，不利于 K^+吸收 [22]。本研究采用农艺综合改良措施，主要危害离子 Cl^-、Na^+、Mg^{2+}含量明显降低，降幅分别达到 61.5%、47.7%、36.4%，与阎南南、宋楠 [23、24] 等采取不同地面覆盖方式、不同耕作措施对盐碱荒地土壤盐分运移规律的影响研究结果一致。研究表明采取的改良措施中的有机肥和秸秆可以有效降低土壤容重、增强土壤渗透能力，加速了土壤脱盐 [19]，有机肥和秸秆分解后能有效提高土壤有机质含量 [25]，促进土壤中腐殖酸的提高，腐殖酸在土壤中带负电荷，能与Cl^-发生交换，减轻 Cl^-危害；磷石膏在土壤中溶解后产生大量 Ca^{2+}，置换出土壤胶体中的 Na^+，减轻 Na^+危害 [26]。

四、结论

综上所述，通过农艺措施综合治理，银北盐碱地脱盐效果明显，离子特征发生明显转变，主要危害离子 Cl^-、Na^+含量和占比明显降低，危害程度显著减弱，改良效果显著。

（一）脱盐过程明显

总体来看通过三年的持续农艺改良，耕地土壤全盐含量整体明显降低，灌溉末梢的惠农地区的重度盐渍化区域明显改善；监测数据表明，耕层土壤全盐含量降低了 0.97 g/kg，pH 从平均的 8.54 降低到了 8.34。

（二）离子之间相关关系和组合特征发生了变化

2017 年土壤全盐含量是由 SO_4^{2-}、Cl^-和 Na^+等盐基离子含量起主导作用，2019 年土壤全盐含量有 SO_4^{2-}、HCO_3^-、Cl^-、Na^+和 Ca^{2+}，各种盐基离子含量更加均衡，单盐毒害作用减弱。

（三）盐渍化类型发生改变

土壤盐渍化主要特征离子从 Mg^{2+}、Cl^- 和 Na^+ 转变成了以 SO_4^{2-}、Cl^- 和 Na^+，主要危害离子 Cl^- 和 Na^+ 含量和占比明显降低，盐化类型以氯化物型为主转变成硫酸盐型和氯化物型。

参考文献

[1] PETELET-GIRAUD E，NéGREL P，GUERROT C，*et al*. Origins and processes of salinization of a Plio Quaternary Coastal Mediterranean Multi-layer Aquifer：The Roussillon Basincase study. Procedia Earth and Planetary Science，2013，7：681-684.

[2] 王景立，韩楠楠，冯伟志，等. 东北苏打盐碱地整治工程技术与装备研究综述 [J]. 农业与技术，2018，38（23）：1-4.

[3] 王佳丽，黄贤金，钟太洋，等. 盐碱地可持续利用研究综述 [J]. 地理学报，2011，66（5）：673-684.

[4] 魏晓斌. 松嫩平原西部盐碱地苜蓿建植技术 [D]. 中国农业科学院，2013.

[5] 王遵亲. 中国盐渍土 [M]. 北京：科学出版社，1993.

[6] 郭军成，王明国，耿荣，等. 宁夏银北地区盐碱地盐渍化特征分析 [J]. 中国农学通报，2021，37（5）：38-42.

[7] 樊丽琴，杨建国，尚红莺，等. 脱硫石膏施用下宁夏盐化碱土水盐运移特征 [J]. 水土保持学报，2017，31（3）：193-196.

[8] 王静，许兴，肖国举，等. 脱硫石膏改良宁夏典型龟裂碱土效果及其安全性评价 [J]. 农业工程学报，2016，32（2）：141-147.

[9] 王静. 不同牧草品种及轮作方式对盐碱地改良效果研究 [D]. 宁夏大学，2018.

［10］马飞，许兴，肖国举，等.秸秆还田与有机肥对银北盐碱地春小麦光合作用及生长的影响［J］.贵州农业科学，2016，44（9）：80-83.

［11］樊丽琴，杨建国，许兴，等.宁夏引黄灌区盐碱地土壤盐分特征及相关性［J］.中国农学通报，2012，28（35）：221-225.

［12］鲁如坤，陈怀满，周建民.土壤农业化学分析方法［M］.北京：中国农业科技出版社，2000：85-96.

［13］鲍士旦.土壤农化分析［M］.第三版.北京：中国农业出版社，2002：188-196.

［14］姚荣江，杨劲松，刘广明，等.黄河三角洲地区典型地块土壤盐分空间变异特征研究［J］.农业工程学报，2006，22（6）：61-66.

［15］訾园园，郗敏，孔范龙，等.胶州湾滨海湿地土壤有机碳时空分布及储量［J］.应用生态学报，2016，27（7）：2075-2083.

［16］石迎春，辛民高，郭娇，等.西北地区黑河中游盐渍化地区土壤盐分特征［J］.现代地质，2009，23（1）：28-37.

［17］GLOVER J D, REGANOLD J P, ANDREWS P K. Systematic method for rating soil quality of Conventional organic and integrated apple orchards in Washington State［J］. *Agriculture Ecosystems & Environment*，2000，80（1-2）：29-45.

［18］赛佳美，卢玉东，王正川，等.内蒙古腰坝绿洲的土壤盐渍化特征［J］.水土保持通报，2017，37（5）：152-156.

［19］张晓东，李兵，刘广明，等.复合改良物料对滨海盐土的改土降盐效果与综合评价［J］.中国生态农业学报（中英文），2019，27（11）：1744-1754.

［20］顾金凤.微生物菌肥对盐渍化土壤的改良研究［D］.扬州大学，2013.

［21］余海英，李廷轩，周健民.典型设施栽培土壤盐分变化规律及潜在的环

境效应研究 [J].土壤学报，2006，43（4）：571-576.

[22] 高延良.东营市地质生态环境评价与可持续发展研究 [D].天津大学，2011.

[23] 阎南南，崔国文，张茜，等.覆盖秸秆和补播牧草对松嫩退化盐碱草地土壤盐离子含量的影响 [J].中国草地学报，2015，37（2）：112-116.

[24] 宋楠.农艺措施对甘肃引黄灌区新垦盐碱荒地改良效果研究 [D].甘肃农业大学，2014.

[25] 郭军成，王明国，周洋，等.持续秸秆还田对土壤理化性状及玉米产量的影响 [J].农业科学研究，2020，41（1）：1-6.

[26] 张乐，徐平平，李素艳，等.有机-无机复合改良剂对滨海盐碱地的改良效应研究 [J].中国水土保持科学，2017，15（2）：92-99.

第三节　农艺改良措施对土壤理化性状的影响

2017—2019 年，在银北盐碱地上采取机械深翻、有机肥、秸秆还田、磷石膏等措施开展盐碱地农艺改良利用，机械深翻 20~30 cm，有机肥用量为 100 kg/667 m²，秸秆还田量为 150~300 kg/667 m²，一次性施入磷石膏 1 500 kg/667 m²。通过对 184 个监测点开展土壤养分、酶活性、微生物特性、土壤物理性状等开展监测评价。

一、对土壤肥力水平的影响

对惠农区、平罗县、贺兰县和兴庆区 184 个监测点土壤有机质、全氮、碱解氮、全钾、速效钾、缓效钾、全磷和速效磷进行分析，结果如图 4-4 所示。

结果表明，通过持续 3 年的农艺改良，盐碱地土壤有机质含量平均增加了1.8 g/kg，提高了14.1%；全氮含量变化不大，改良前为0.77 g/kg，改良后为0.73 g/kg；碱解氮变化与全氮保持同样的趋势，但降幅略大，降低了3.13 g/kg，降幅为6.4%。研究表明，秸秆还田可以增加有机质的积累，提高土壤有机质含量，因此通过秸秆还田、增施有机肥等集成技术能够有效提高土壤有机质

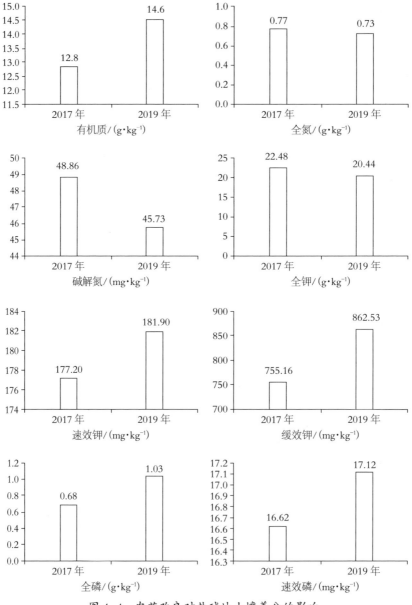

图 4-4　农艺改良对盐碱地土壤养分的影响

含量，增加土壤肥力水平和供肥能力。

从土壤钾素变化来看，持续三年的农艺改良，土壤速效钾和缓效钾含量明显提高，速效钾平均增加了 4.7 mg/kg，提高了 2.7%；缓效钾平均含量增加了 107.37 mg/kg，提高了 14.2%；全钾由于受到成土母质的影响较大，因此变化幅度通常不大，平均含量减少了 2.04 g/kg。

从土壤磷素变化来看，不论是全磷含量还是有效磷含量都有一定提高。土壤全磷含量增加了 0.35 g/kg，增幅达 51.5%；有效磷平均增加了 0.9 mg/kg，提高了 5.6%，说明通过农艺集成技术持续改良，土壤理化性质得到优化，提高了土壤磷素供应水平，对于提高石灰性土壤磷素利用水平具有积极影响。

综上所述，持续农艺集成技术改良盐碱地能够显著改善土壤理化性状、提高土壤肥力；通过 3 年的改良，银北盐碱地土壤有机肥、全磷、速效磷、速效钾、缓效钾显著提高。

二、对土壤微生物的影响

为准确评价秸秆培肥+机械深翻+有机肥施用+磷石膏施用+土壤调理剂施用等综合集成技术应用对不同程度盐碱地改良培肥效果，分别在平罗县、惠农区、贺兰县、大武口区、兴庆区和农垦农场开展了农艺改良培肥集成技术效果评价调查采样，主要采集综合集成技术应用前后 0~20 cm 和 20~50 cm 土壤样品，按不同种植作物进行分类处理汇总，调查评价结果表明，与对照相比，在秸秆还田+机械深翻+有机肥+土壤改良剂等综合农艺技术应用后，土壤生物群落明显发生变化，其中以脱磷酸酯表征的细菌、真菌、放线菌、原生动物、土壤总微生物生物量在时间上均呈增加趋势；随土层深度的增加，土壤主要微生物类群的脱磷酸酯在空间上均呈现降低的趋势。所以改良措施的应用，能够活跃土壤微生物区系，促进以 PLFA 表征的总的微生物生物量的增加；有机肥及改良剂的应用所产生的影响主要在于促进土壤主要微生物类群的生物量的变化，随微生物种群活性的增强，能加速土壤养分的循环与周转，加速了土壤肥力的快速积累和提升。

第四节　农艺改良措施对作物生长及产量的影响

在秸秆培肥、机械深翻、磷石膏等基础上，开展有机肥、生物有机肥、土壤调理剂等农艺改良措施对盐碱地不同作物生长的影响研究。

一、有机肥

有机肥应用效果对比试验每个小区面积不小于 150 m²，不设重复；各处理化肥施用量按当地种植作物目标产量测土配方施肥推荐量确定，有机肥在平田整地时深施入土，施用量水稻 160 kg/667 m²，玉米 180 kg/667 m²；其他农事操作与当地保持一致。通过观测有机肥对水稻、玉米的生长性状、产量的影响以及对盐碱土壤理化性质的影响。

（一）水稻

水稻应用有机肥试验分别在兴庆区月牙湖乡技术攻关示范区和平罗县渠口乡分水闸村盐碱地改良技术攻关示范区开展试验，兴庆区有机肥施用量为160 kg/667 m²，平罗县有机肥施用量为 240 kg/667 m²。试验结果表明，以秸秆培肥改良+机械深翻+有机肥为主的盐碱地集成改良培肥技术对水稻生育进程没有明显影响，但增施有机肥能够明显提高水稻的株高、穗长，有效降低空秕率，提高水稻产量。不同品牌有机肥对水稻生育性状、千粒重、产量等指标有着不同的影响。

表 4-6 和表 4-7 分别反映了兴庆区和平罗县试验点不同有机肥处理对水稻生育性状及产量的影响。从水稻产量来看，秸秆培肥+机械深翻+有机肥能够明显提高水稻产量，不同处理间存在明显差异。兴庆区试验结果表明，有

表4-6 不同有机肥处理对水稻产量及构成因素的影响 (兴庆区)

	穗粒数/ (粒·穗⁻¹)	亩穗数/ (万穗·亩⁻¹)	干粒重/g	理论产量 /(kg·mu⁻¹)	实测产量/ (kg·mu⁻¹)
CK	75.2	31.2	21.2	497.47	450.1
硅谷	77	32.67	22.32	561.48	480.21
嫁之芯	74.5	31.65	21.65	510.49	459.3
嘉日康诚	80	31.43	21.87	549.9	475.3
三聚绿能	78	31.3	22.18	541.5	472.12
鑫锐禾	74	31.98	21.54	509.75	458

表4-7 不同有机肥处理对水稻产量及构成因素的影响 (平罗县)

处理	穗粒数/ (粒·穗⁻¹)	干粒重/g	亩穗数/ (万穗·亩⁻¹)	理论产量 /(kg·mu⁻¹)	实测产量/ (kg·mu⁻¹)
贺兰山	120	20	35.67	726.24	845.86
稼之芯	130	23	37	940.36	908.33
顺宝	138	21	35	862.16	790.73
壹泰丰	136	17	35.67	701.58	851.83
地源	106	17.84	35.67	573.84	739.67
嘉日康诚	129	23.93	33.33	873.77	773.56

机肥处理与对照相比亩增产了 7.9~30.1 kg，增产率为 1.7%~6.3%，其中产量最高的是"硅谷"和"嘉日康诚"有机肥，增产分别为 6.3%和 5.3%；综合分析2 种有机肥主要通过降低空秕率，提高穗粒数和千粒重实现增产的效果。平罗县试验结果表明，各处理中"嫁之芯"实测产量最高，壹泰丰和贺兰山有机肥产量次之；从产量构成要素分析，"嫁之芯"有机肥有效提高了亩穗数和千粒重；"壹泰丰"通过提高穗粒数实现产量提高，但千粒重最低。

（二）玉米

玉米应用试验在惠农区盐碱地农艺改良培肥攻关区开展，供试有机肥品牌为硅谷、稼之芯、嘉日康诚、三聚绿能生物炭、鑫锐禾、地源、顺宝、先农。试验结果表明（表4-8），增施有机肥均能提高玉米产量，与对照相比提高产量5.9%~12.6%，增产效果明显的有机肥品牌依次为三聚绿能、地源、硅谷和顺宝牌有机肥，增产均在10%以上，分别是12.6%、11.5%、10.9%和10.5%。从产量构成要素分析来看，主要通过提高玉米棒长、减少秃尖长度、增加穗粒数和百粒重来实现增产，其中三聚绿能有机肥让棒长最长、秃尖最短、穗粒数最多、百粒重最重。

表4-8　不同有机肥处理对玉米产量及构成因素的影响（惠农区）

处理	基本苗/株	株高/cm	棒长/cm	秃尖长/cm	亩穗数/穗	穗粒数/粒	百粒重/g	理论产量/kg	亩实产/kg
CK	4 725	236	16.8	1.5	4 620	552	28.1	609.2	605.4
硅谷3	4 704	238.3	18.2	0.8	4 601	596	29.3	682.9	679.1
先农	4 703	237.4	17.6	1.2	4 603	584	29.0	662.6	658.3
稼之芯	4 710	236.5	17.8	1.1	4 605	587	29.1	668.6	664.1
嘉日康诚	4 711	237.2	17.5	1.2	4 609	571	28.9	646.5	643.7
三聚绿能1	4 702	245.3	18.6	0.6	4 597	602	29.6	696.3	692.4
鑫锐禾	4 708	244.6	18.0	0.9	4 607	589	29.2	673.5	669.6
地源2	4 708	245.4	18.4	0.8	4 604	598	29.4	688.6	684.3
顺宝4	4 698	242.8	18.3	1.0	4 597	594	29.3	680.1	676.8

二、生物有机肥

生物有机肥品牌对比试验在贺兰县立岗镇通义村3队重度盐碱地区域开展，供试作物为水稻，品种为宁粳43号，供试生物有机肥品牌为：嘉日康诚、嫁之芯、汇仁、丰享、地源、顺宝6个品牌，施用量为160 kg/667 m²。试验结果如表4-9所示。

试验结果表明，生物有机肥对于提高水稻产量效果非常显著，与对照相比水稻产量提高了4.3%~29.1%，不同品牌有机肥之间差异较大。增产效果从大到小依次是顺宝、地源、嫁之芯、嘉日康诚、汇仁、丰享，分别是29.1%、

表 4-9　不同生物有机肥处理对水稻产量及构成因素的影响

处理	株高/ cm	穗长/ cm	穗粒数/ 粒	空秕粒/ 粒	实粒数/ 粒	千粒重/ g	亩穗数/ 万穗	理论产 量/kg	田间实测 产量/kg
嘉日康诚	79.04	15.7	96.1	4.16	91.9	24.1	29.86	495.8	406.5
嫁之芯	89.52	17.62	96.6	4.31	92.3	24.4	31.61	533.7	445.8
汇仁	77.41	17.3	100.2	8.6	91.6	24.2	31.52	523.8	396.5
Ck	86.77	16.38	92.9	8.3	84.6	24.6	30.12	469.9	355.1
丰享	91.6	17.65	98.6	8.1	90.5	24.03	30.56	498.2	370.9
地源	91.44	18.76	112.7	10.36	102.3	23.9	33.02	605.2	493.6
顺宝	92.87	19.76	121.3	16.55	104.8	23.8	32.21	602.3	500.5

28.1%、20.3%、12.6%、10.4%、4.3%。分析增产效果好的顺宝和地源有机肥对水稻产量构成要素的影响，两种有机肥处理的水稻穗粒数、实粒数和亩穗数均很高。

三、土壤调理剂

（一）油葵

土壤调理剂筛选试验在惠农区盐碱地农艺改良培肥攻关区开展，供试作物为油葵，供试土壤调理剂为硅谷、鑫锐禾、嘉日康诚、三聚绿能、复活素、普惠和施地佳 7 种，以没有调理剂为对照，所有处理均以秸秆还田+机械深翻+有机肥为基础，各处理对油葵产量及构成要素的影响结果如表 4-10 所示。

从各处理油葵实测产量来看，土壤调理剂增产效果十分显著，与对照相比实测产量提高了 8.9%~31.4%，增产从大到小依次是三聚绿能、硅谷、鑫锐禾、富活素、嘉日康诚、施地佳和普惠，分别增产 31.4%、29.0%、20.4%、18.4%、17.4%、16.3% 和 8.9%。从对产量构成要素来看，土壤调理剂能够提高油葵基本苗，增加花盘直径、盘粒数、亩盘数和百粒重，从而提高油葵产量。

表 4-10   不同土壤调理剂处理对油葵产量及构成因素的影响

处理	基本苗/株	株高/cm	花盘直径/cm	茎粗/cm	盘粒数/粒	亩盘数/个	百粒重/g	理论产量/kg	实际产量/kg
硅谷	3 942	113.1	13.5	1.6	694	3 833	5.3	119.8	114.6
鑫锐禾	3 798	115.4	13.3	1.5	683	3 627	5.1	107.4	102.3
嘉日康诚	3 706	108.7	12.9	1.3	692	3 601	4.9	103.8	98.5
三聚绿能	4 007	118.6	14.4	1.8	699	3 895	5.4	124.9	118.6
富活素	3 672	114.3	14.2	1.2	672	3 548	5.2	105.4	99.8
普惠	3 475	103.2	12.6	1.1	642	3 306	5.2	93.8	89.4
施地佳	3 694	106.4	12.3	1.14	678	3 527	5.0	101.6	97.2
CK	3 391	97.8	11.2	0.98	637	3 295	4.8	85.6	81.4

(二) 水稻

水稻调理剂筛选试验在贺兰县金贵镇红星村三道湖盐碱地农艺改良技术攻关核心示范区，通过在中度以上盐碱地区域种植水稻施用不同土壤调理剂，供试土壤调理剂共计 6 种：丰收延、汇仁、三生机能水、三绿聚能、富活素、普惠（表 4-11）。

表 4-11   不同土壤调理剂处理对水稻产量及构成因素的影响

处理	基本苗/万株	亩产量/kg	亩增产量/kg
丰收延	28.26	523.5	52.5
汇仁	28.64	537	66
三生机能水	28.69	536.75	65.75
CK	26.97	471	—
三聚绿能	27.56	569.75	98.75
富活素	27.93	522.75	51.75
普惠	28.6	535.25	64.25

从各处理水稻实测产量来看，土壤调理剂增产效果十分显著，与对照相比实测产量提高了 9.9%~17.3%，增产从大到小依次是三聚绿能、汇仁、三生机能水、普惠、丰收延、富活素，分别增产 17.3%、12.3%、12.2%、12.0%、10.0%、9.9%。

四、生物质炭改良培肥

引进北京三聚绿能生物碳基肥开展秸秆生物炭改良培肥试验，试验以秸秆培肥+机械深翻+有机肥（地源牌，200 kg/667 m²）为基础，共设置 4 个处理，CK：不施生物质炭；T1：施生物质炭 100 kg/667 m²；T2：施生物质炭 150 kg/667 m²；T3：施生物质炭 200 kg/亩。生物质炭与基肥一同施入，小区面积≥300 m²，不设重复，分别以水稻和玉米作为供试作物。

（一）水稻

水稻施用生物质炭改良培肥试验在平罗县渠口乡分水闸村羽顺家庭农场进行，水稻品种为宁粳 52 号，播种方式采用播后上水。生物质炭对土壤理化性质影响如表 4-12 所示，结果表明施用生物质炭能够明显提升土壤肥力水平，尤其是对速效钾和碱解氮提高效果明显，不但能有效提高土壤肥力水平，还能显著降低土壤全盐含量；其主要原因是生物质炭自身含有丰富的磷、钾、钙、镁等元素，同时是一个多空隙结构、具有一定的吸附性，能够为微生物

表 4-12　生物质炭不同施用量土壤养分变化情况

处理	全盐/ (g·kg⁻¹)	全氮/ (g·kg⁻¹)	有机质/ (g·kg⁻¹)	速效钾/ (mg·kg⁻¹)	有效磷/ (mg·kg⁻¹)	碱解氮/ (mg·kg⁻¹)
CK	1.17	0.80	16.3	155	16.3	48.0
T1	0.91	0.78	15.2	157	17.6	58.6
T2	0.88	0.78	16.9	167	21.9	71.3
T3	0.82	0.87	16.0	164	14.8	79.0

活动提供有力场所，改善土壤理化性质、增加土壤有机碳含量、提升保水性能、降低养分淋失等作用。

从产量构成要素看（表4-13），生物质炭能够增加水稻的有效穗数和穗粒重，从而明显提高水稻产量；随着生物质炭施用量的增加，产量也在逐渐增加，与对照处理相比分别增产18.3%、20.4%、34.4%。资料表明，施用生物质炭能够增加土壤团聚体，改善土壤结构，提高土壤肥力，同时还能为微生物提供生长场所，利于土壤微生物生长，活化土壤氮、磷、钾及其他微量元素，对于改良盐渍化耕地、增加水稻产量效果显著。

表4-13 生物质炭不同施用量水稻产量构成因素及产量统计

处理	有效穗数/(万·亩$^{-1}$)	穗粒数/个	千粒重/g	小区产量/kg	理论产量/(kg·mu^{-1})	实产/(kg·mu^{-1})
CK	33	97	27.0	295.39	734.63	590.78
T1	31.7	109	24.5	349.46	719.27	698.92
T2	32	104	25.6	355.55	723.6	711.10
T3	37.3	99	26.0	396.88	816.09	793.77

（二）玉米

试验以秸秆培肥+机械深翻+有机肥（地源牌，200 kg/667 m²）为基础，共设置4个处理，CK：不施生物质炭；T1：施生物质炭100 kg/667 m²；T2：施生物质炭150 kg/667 m²；T3：施生物质炭200 kg/667 m²。生物质炭与基肥一同施入，小区面积≥300 m²，不设重复。试验地点位于惠农区燕子墩核心示范区，各处理施肥量为：N 16.7 kg/667 m²、P₂O₅ 14.5 kg/667 m²、K₂O 3 kg/667 m²。

从产量构成要素看（表4-14），增施生物质炭能够对玉米产量构成要素具有明显的促进作用，主要通过促进玉米棒长、穗粒数和百粒重，减少秃尖从而提高玉米产量；与对照相比T1、T2、T3能够提高玉米产量10.0%、

13.7%和11.5%；但值得注意的是随着生物质炭施用量的增加，玉米基本苗数量出现先增加后递减趋势，因此生物质炭最佳施用量还需进一步探究。

表 4-14　生物质炭对玉米产量构成及产量的影响

生物质炭	基本苗/株	株高/cm	棒长/cm	秃尖长/cm	亩穗数/穗	穗粒数/粒	百粒重/g	理论产量/kg	实际产量/kg
CK	4 722	243.6	18.8	1.0	4 631	592	28.4	661.8	656.3
T1	4 719	250.3	19.5	0.8	4 615	636	29.1	726.0	721.6
T2	4 711	252.6	19.3	0.6	4 607	644	29.8	751.5	746.2
T3	4 705	248.5	20.1	0.5	4 603	639	29.5	737.5	731.8

第五节　不同农艺综合措施改良效果评价

为评价不同技术措施改良效果，以平罗县分水闸和惠农区燕子墩盐碱地农艺改良核心示范区为研究对象，分析不同技术措施对土壤物理、化学以及生物学性状的影响，为盐碱地改良精准施策提供依据。技术模式如表 4-15 所示，所有处理均以机械深松深翻为基础。

表 4-15　盐碱地农艺改良技术模式

地点	编号	技术模式
惠农区	H1	有机肥
	H2	有机肥+调理剂
	H3	有机肥+秸秆还田
	H4	未耕种
平罗县	T1	有机肥+调理剂+秸秆还田
	T2	有机肥+调理剂
	T3	农户常规施肥

一、对速效养分的影响

各种技术模式改良对土壤速效养分的影响如图 4-5 所示。惠农区采用的 3 种改良模式均能有效提高土壤速效养分，3 种改良模式之间相比，有机肥+调理剂的技术模式对于提高土壤碱解氮、有效磷和速效钾含量效果更为显著，尤其是有效磷含量显著高于其他两种模式。平罗县采用的两种技术模式也取得了较好的效果，与对照相比显著提高了土壤有效磷和速效钾；对比两种技术模式，有机肥+调理剂+秸秆还田的模式效果最佳，但两种模式间差异不显

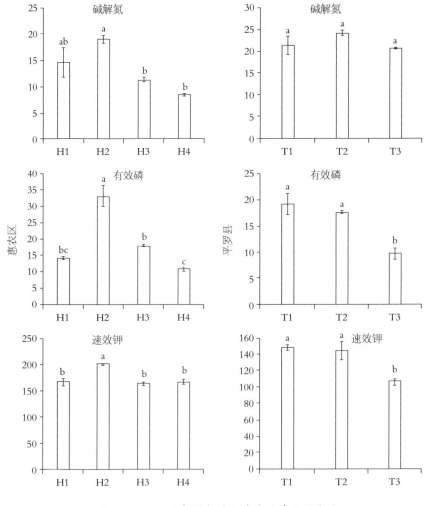

图 4-5　不同改良模式对土壤速效养分的影响

著。综合两个核心示范区采取的技术模式来看，针对不同盐碱地特点采取的各种农艺改良集成技术模式均能有效提高土壤速效养分。

二、对土壤酶活性的影响

土壤酶活性是评价土壤生物活性和土壤肥力的重要指标，也是土壤生物肥力的指标之一，在盐渍化土壤改良利用过程中，任何促进土壤酶活性增强的措施都可以视为是促进土壤代谢，促进土壤养分形态、盐分组成发生变化，进而提高土壤肥力，改善土壤性质的一项重要方式。几种改良技术模式对土壤脲酶和碱性磷酸酶活性的影响如图 4-6 所示。

磷酸酶可加速有机磷的脱磷速度，对土壤磷素的有效性具有重要作用。几种改良措施均能不同程度提高土壤磷酸酶活性，这也可以解释通过农艺集成技术持续三年改良，银北盐碱地土壤有效磷平均提高了 5.6%。惠农区的 3 种改良模式与对照相比，显著提高了土壤磷酸酶的活性；3 种改良模式之间

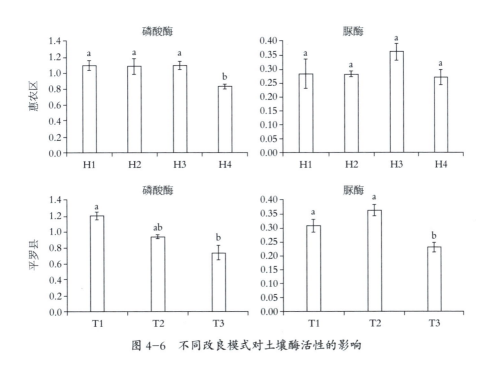

图 4-6　不同改良模式对土壤酶活性的影响

对比，差异不大。平罗县采取的 2 种改良模式也能显著提高土壤磷酸酶活性，2 种改良模式相比 T1 效果更为显著，说明有机肥+调理剂+秸秆还田的技术模式更能显著提高土壤磷酸酶活性，改良效果更好。

土壤脲酶活性多用来表示土壤的供氮能力。所有改良模式均能不同程度提高土壤脲酶活性，惠农区以有机肥+秸秆还田改良模式提高效果最佳；平罗县2 种改良模式也都能显著提高土壤脲酶活性，两种模式间差异不显著。

三、对土壤团粒结构的影响

土壤团粒结构是土壤结构的基本单元，是土壤肥力的物质基础，也是作物高产稳产的土壤条件之一。0.25 mm 被认为是划分大团聚体和微团聚体的分界线，其含量是定量评价土壤团聚体的重要指标，平罗县采取的 2 种技术模式与对照相比增加了大团聚体的量，其中以有机肥+调理剂+秸秆还田的模式土壤大团聚体含量最高，说明秸秆、有机肥、土壤调理剂的使用促进了土壤腐殖物质的形成，使土壤颗粒周围的有机结合物质增加，对大团聚体的形成产生积极影响；惠农区 3 种技术模式土壤大团聚体含量与对照相比差距不大，主要由于对照为未耕种地，团粒结构体没有遭到机械作用的破坏。

团聚体的分布对土壤结构影响很大，尤其是团聚体的水稳性，$WR_{0.25}$ 反映了水稳性团聚体量，K 值表示水稳性团聚体在大团聚体中所占的比值，值越大，水稳性团聚体含量越高，土壤结构越稳定。示范区采取的几种模式的 K 值均高于对照，说明农艺集成技术在一定程度上有效地改善土壤结构，增加土壤稳定性。

MWD 是衡量土壤团聚体稳定性的一项重要指标，用来反映土壤团聚体大小分布状况和评价其稳定性，两个核心示范区所采用的几种改良模式均能显著提高 MWD 值，说明农艺改良措施对提高土壤抗侵蚀能力和降低土壤氮、磷淋失具有重要意义（表 4-16）。

表 4-16　不同改良模式土壤团聚体指标

		DR$_{0.25}$	WR$_{0.25}$	K	MWD
平罗县	T1	48.12	25.18	52.32	1.97
	T2	47.87	18.00	37.60	2.29
	T3	46.73	8.08	17.29	1.45
惠农区	H1	47.40	9.60	20.26	1.13
	H2	46.86	19.63	41.89	2.33
	H3	47.95	15.19	31.68	2.13
	H4	47.60	10.58	22.23	1.30

注：DR$_{0.25}$：>0.25 mm 机械团聚体总量；WR$_{0.25}$：>0.25 mm 水稳性团聚体；K：水稳系数表示水稳性团聚体在大团聚体中所占比例；MWD：水稳性团聚体平均质量直径。

四、结论

通过分析惠农区和平罗县几种改良技术模式对土壤理化性质的影响，几种改良模式均能不同程度提高盐碱地肥力水平和土壤酶活性，还能增加土壤团聚体数量，改良土壤结构，提高保水保肥能力。

第六节　耐盐碱玉米品种筛选

玉米是世界上重要的粮食作物，也是宁夏近年来种植面积最大的作物，随着畜牧业迅猛发展，玉米同时也是一种优质的饲料。玉米对盐分比较敏感，其耐盐性相对较差 [1]，前人研究结果表明，通过选育一些耐盐性强的玉米新品种是目前来说最经济、最直接的盐碱地利用方式 [2]。目前国内学者对玉米萌芽期耐盐性做了很多研究，筛选方法也有很多，有相对盐害率分级法、耐盐指数分级法、相对发芽率分级法等 [3-4]。但多采用单一分级法进行筛选鉴定，单一分级法没有综合考虑各个指标对耐盐性的贡献率，不能全面反映出各品种的耐盐性,所得结果较为片面。为此本试验采用模糊隶属函数法对各指标进行综合评价,以期对耐盐性做出综合评价,为盐碱地玉米栽培及耐盐育种提供理论基础。

本节为了筛选适宜盐碱地栽培的耐盐玉米品种,挖掘耐盐玉米种质。以宁夏当地新培育的优良玉米自交系作为材料,以不同浓度NaCl溶液模拟盐胁迫的方法对收集的 20 份玉米自交系进行了耐盐性分析,并采用模糊隶属函数法对 20 份玉米自交系耐盐性强弱进行比较。结果表明:随着 NaCl 浓度的增加,发芽率、发芽势显著减小,与对照差异显著($p<0.05$);20 个品种中品种70、品种 45、品种 31、品种 59、品种 65 耐盐性较强,可以作为耐盐品种在盐分较高的土壤中种植。

一、材料与方法

(一)试验材料

试验材料由宁夏科禾种业、内蒙古科禾种业提供,供试玉米品种代号及名称有品种 1:CL8;品种 24:7922-2;品种 38:H950;品种 12:春 72;品种70:春 2-1;品种 45:L438;品种 31:8-8-1;品种 59:A27-2-1;品种65:A93;品种 32:正良 A;品种 42:HY936;品种 20:KH221;品种 50:四 041;品种 54:F134;品种 11:925 自交 605 自交;品种 88:5178;品种90:6522;品种 14:F12;品种 19:488;品种 86:3546-2。

(二)试验设计

试验于 2015 年 10 月在宁夏大学生命科学学院实验室进行,采用人工恒温培养箱培养,昼夜温度 25 ℃/15 ℃,湿度 70%,试验共设置四个浓度梯度,质量分数分别为 0%(CK),0.3%,0.45%,0.6% 的 NaCl 溶液,每个处理重复三次。精选玉米种子,将种子用 100 ppm 赤霉素浸泡打破休眠,再用 0.1% 的高锰酸钾溶液消毒 10 min,然后将种子放至铺有双层滤纸的培养皿中,用配好的NaCl溶液培养（以溶液没过种子1/3为标准），每天更换溶液保证种子所受的盐浓度一致。

（三）测定指标及方法

（1）发芽势的测定

处理第4天以胚根突破种皮2 mm为准统计发芽数，计算各品种的发芽势。

发芽势 =处理第4天发芽的种子粒数/供试种子总数×100%

（2）发芽率的测定

处理第8天以胚根突破种皮2 mm为准统计发芽数，计算各品种的发芽率。

发芽率=处理第8天发芽的种子粒数/供试种子总数×100%

（3）相对盐害率的测定

相对盐害率=（CK发芽率−处理发芽率）/CK发芽率×100%

其中，CK为对照，下同。

（4）耐盐指数测定

种子萌芽耐盐指数=盐胁迫下种子萌芽指数（PIS）/ 对照重视萌芽指数（PIC）

其中，种子萌芽指数 $PI = 1.00nd_2 + 0.75nd_4 + 0.50nd_6 + 0.25nd_8$，$nd_2$、$nd_4$、$nd_6$、$nd_8$分别为第2、4、6、8天各品种的发芽率。PIS为处理的种子萌发耐盐指数，PIC为对照的种子萌发耐盐指数。其计算方法同上式。

（5）相对发芽率

相对发芽率=处理发芽率/CK发芽率×100%

（6）相对发芽势

相对发芽势=处理发芽势/CK发芽势×100%

（7）隶属函数值计算

① 隶属函数值

$$U(X_j) = (X_j - X_{min}) / (X_{max} - X_{min}) \quad (j = 1, 2, 3, \cdots, N)$$

式中，X_j 为指标测定值；X_{min} 和 X_{max} 分别为所有参试材料某一指标的最小值和最大值[5]。

② 权重

$$W_j = P_i / \sum_{i=1}^{n} P_j \quad (j = 1, 2, 3, \cdots, n)$$

式中，W_j 表示第 j 个公因子在所有公因子中的主要程度；P_j 为各品种第 j 个指标与耐盐系数间的相关系数，表示各品种第 j 个公因子的贡献率。

③ 综合评价值

$$D = \sum_{i=1}^{n} \left[U(X_j) \times W_j \right] \quad (j = 1, 2, 3, \cdots, n)$$

式中，D 值为材料在盐分胁迫下用综合指标评价所得的耐盐性综合评价值。

（四）数据处理

采用 SPSS17.0 进行主成分分析和隶属函数值计算，Excel 绘制数据示意图。

二、结果与分析

（一）不同浓度 NaCl 处理对玉米自交系发芽率的影响

随着 NaCl 浓度的增加，发芽率逐渐降低，不同处理的发芽率与对照差异显著，分别比对照下降了 36%，50%，56%。说明高浓度的 NaCl 胁迫对种子萌芽有抑制作用，0.15% 的处理和 0.30% 的处理差异不显著，说明盐胁迫浓度越高，对种子萌发的抑制作用越强，种子的发芽率越低（表 4-17）。20 个品种中不同品种的发芽率不同，品种 65 的发芽率最高，品种 19 的发芽率最低。

表 4-17　不同 NaCl 处理的玉米自交系发芽率比较

Table 4-17 Comparison of germination rate of maize inbred lines treated with different NaCl

处理	发芽率
CK	66.11±16.14a
0.15%	42.50±15.85b
0.30%	33.00±17.20b
0.45%	29.00±18.89c

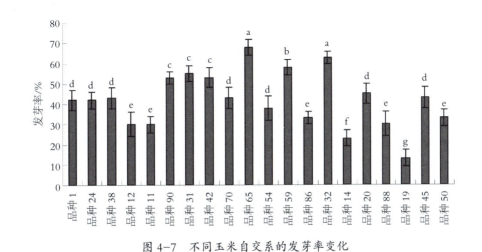

图 4-7　不同玉米自交系的发芽率变化

Fig. 4-7 Variation of germination rate of Different Maize Inbred Lines

图 4-7 结果显示，NaCl 胁迫下，不同玉米自交系的发芽率不同，其中品种 65 的发芽率最高为 68%，品种 32 次之为 63%，与其他品种存在显著性差异；品种 19 的发芽率最低，为 13%。发芽率是衡量种子发芽能力的一项重要指标，在 NaCl 胁迫下保持较高的发芽率，表明其有较强的耐盐性。说明品种 65、品种 32 的耐盐性强于其他品种。

（二）NaCl 对不同玉米自交系发芽势的影响

图 4-8 结果表明，盐胁迫降低了玉米自交系的发芽势，品种之间的差异显著，其中品种 70 的发芽势最大为 68%，显著高于发芽势很低的品种 86、品种 90。发芽势是衡量种子发芽能力的重要指标，一定条件下，发芽势越大种

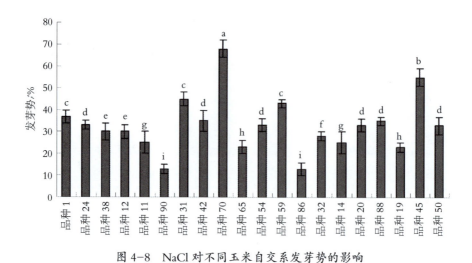

图 4-8　NaCl 对不同玉米自交系发芽势的影响

Fig. 4-8 Effect of NaCl on the germination potential of Different Maize Inbred Lines

子的发芽率相对越高，出苗越整齐。

（三）不同浓度NaCl 处理下的玉米耐盐指数变化

表 4-18　不同玉米自交系耐盐指数比较

Table 4-18 Comparison of salt tolerance index of Different Maize Inbred Lines

品种	NaCl 浓度		
	0.15%	0.30%	0.45%
品种 1	0.69±0.021	0.53±0.034	0.25±0.021
品种 24	0.56±0.014	0.44±0.022	0.19±0.034
品种 38	0.68±0.030	0.39±0.015	0.17±0.002
品种 12	0.39±0.011	0.24±0.032	0.08±0.006
品种 11	0.83±0.012	0.39±0.047	0.22±0.053
品种 90	0.78±0.023	0.20±0.001	0.47±0.022
品种 31	0.73±0.022	0.53±0.023	0.42±0.003
品种 42	0.63±0.034	0.49±0.022	0.44±0.153
品种 70	0.70±0.012	0.48±0.036	0.37±0.083
品种 65	0.93±0.013	0.78±0.044	0.83±0.032

品种	NaCl 浓度		
	0.15%	0.30%	0.45%
品种 54	0.41±0.021	0.28±0.038	0.00±0.014
品种 59	0.73±0.018	0.73±0.027	0.24±0.032
品种 86	0.10±0.017	0.01±0.049	0.00±0.056
品种 32	0.97±0.023	0.65±0.002	0.58±0.002
品种 14	0.39±0.102	0.09±0.013	0.12±0.011
品种 20	0.42±0.016	0.31±0.003	0.81±0.001
品种 88	0.25±0.033	0.04±0.032	0.04±0.012
品种 19	0.16±0.017	0.00±0.035	0.32±0.032
品种 45	0.33±0.033	0.23±0.057	0.77±0.030
品种 50	0.41±0.012	0.20±0.044	0.21±0.121

表 4-18 中耐盐指数随着盐浓度的增加逐渐降低，说明盐浓度越大对玉米的毒害作用越强。同一品种不同盐浓度下的耐盐性不同。同一浓度下的不同品种耐盐性也不相同。耐盐指数作为种质资源抗盐性鉴定的重要指标，其大小反映了种质耐盐性的强弱，本试验结果表明，在较低浓度时，品种 65、品种 32 等的耐盐指数高于对照，说明较低浓度的 NaCl 可以促进玉米生长，只有当盐浓度增加到一定程度时才会对玉米种质造成伤害。

（四）不同浓度 NaCl 处理下的玉米相对盐害率、相对发芽率、相对发芽势的变化

图 4-9 数据表明不同玉米品种的相对发芽率、相对发芽势不同，相对盐害率也不同，不同品种之间的差异显著。相对盐害率的大小是反映品种耐盐性的重要参考指标，相对盐害率越大，说明玉米品种的耐盐性越差，反之则越强。品种 86 的相对盐害率最大，显著高于品种 32。说明品种 86 的耐盐性较差而品种 32 较为耐盐。

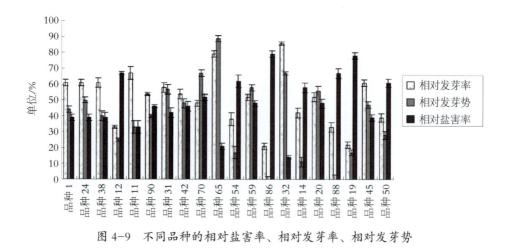

图 4-9　不同品种的相对盐害率、相对发芽率、相对发芽势

（五）供试玉米自交系材料不同鉴定指标的耐盐性评价

表 4-19　不同玉米自交系的耐盐性综合评价

Table 4-19 comprehensive evaluation of salt tolerance in Different Maize Inbred Lines

品种	U（X1）	U（X2）	D 值	排序
品种 70	0.621 013	1.001 265	1.470 681	1
品种 45	0.610 135	0.771 643	1.272 707	2
品种 31	0.662 589	0.644 091	1.224 684	3
品种 59	0.641 056	0.636 271	1.195 531	4
品种 65	0.875 621	0.217 02	1.103 503	5
品种 32	0.833 597	0.270 572	1.102 483	6
品种 42	0.595 898	0.512 361	1.047 093	7
品种 1	0.590 977	0.506 233	1.036 906	8
品种 20	0.576 824	0.467 004	0.990 063	9
品种 24	0.573 309	0.439 607	0.964 094	10
品种 38	0.555 219	0.402 381	0.914 71	11
品种 50	0.379 704	0.524 451	0.827 96	12
品种 54	0.360 172	0.543 266	0.822 554	13
品种 11	0.541 241	0.276 317	0.797 544	14

品种	U（X1）	U（X2）	D 值	排序
品种88	0.265 565	0.599 528	0.768 05	15
品种12	0.331 407	0.508 431	0.763 807	16
品种90	0.541 092	0.181 372	0.720 29	17
品种14	0.307 818	0.392 025	0.644 303	18
品种19	0.190 963	0.416 014	0.540 034	19
品种86	0.167 82	0.325 216	0.441 797	20

不同玉米品种的发芽率、发芽势、相对盐害率不同，为了便于研究，对种质的耐盐性进行更为综合的分析，对 20 个品种采用模糊隶属函数法进行综合评价，结果如表 4-19 数据所示：品种 70 的 D 值最大综合排名第一。20 个品种的耐盐性由强到弱的顺序为：品种 70>品种 45>品种 31>品种 59>品种 65>品种 32>品种 42>品种 1>品种 20>品种 24>品种 38>品种 50>品种 54>品种 11>品种 88>品种 12>品种 90>品种 14>品种 19>品种 86。

三、讨论与结论

盐胁迫对玉米发芽率、发芽势的影响结果表明：不同玉米品种在同一胁迫浓度下发芽率不同，同一品种在不同的胁迫浓度下发芽率也不同，说明盐胁迫对玉米种子萌发有抑制作用，且不同品种耐盐特性不同，这与刘洪兰和姚启伦等[6-7] 的研究结果相一致。本次研究结果还表明不同玉米品种对盐胁迫的耐受能力不同，其耐盐性存在临界浓度，当胁迫浓度小于临界浓度时玉米品种几乎不受或受其影响很小，有些品种在低盐浓度时甚至可以增加发芽率，而高于临界浓度时盐害会显著增加。

玉米萌发期耐盐性鉴定有很多分级方法，前人研究表明，通过相对盐害率进行分级 [8]、通过耐盐指数分级 [4]、通过发芽率、发芽势分级 [1]，均可以对玉米种质耐盐性做出评价，但按不同分级方法结果不同，利用一些单一指标的分级方法差异很大，往往不能全面分析玉米种质的耐盐性，而植物耐盐性是一种综合性状的表现，只有通过多种指标综合分析才能得到科学的结论。因此笔者利用数学中的隶属函数法，将单一的分级标准综合考虑，按照其对主因子的贡献率进行综合评价，其结果更接近玉米种质的真实耐盐性。

本试验中笔者在前人研究基础上利用隶属函数法将 20 份玉米自交系材料按照其发芽率、发芽势、相对盐害率、相对发芽率、相对发芽势、耐盐指数六个指标进行综合分析，先求出其对主成分的贡献率，再求得均值 D 值，根据 D 值的大小将 20 份玉米自交系材料做出了耐盐性排序，其耐盐性由强到弱的顺序为：品种 70>品种 45>品种 31>品种 59>品种 65>品种 32>品种 42>品种 1>品种 20>品种 24>品种 38>品种 50>品种 54>品种 11>品种 88>品种 12>品种 90>品种 14>品种 19>品种 86。说明品种 70、品种 45、品种 31、品种 59 的耐盐性较强，适合盐碱地种植，而品种 86、品种 19、品种 14、品种 90 的耐盐性较差建议淘汰。

参考文献

[1] 付艳，高树仁，王振华. 玉米种质苗期耐盐性的评价 [J]. 玉米科学，2009，17（1）：36-39.

[2] Takehisa H, Shimodate T, Fukuta Y, *et al.* Identification of quantitative trait loci for plant growth of rice in paddy field flooded with salt water [J]. *Field Crops Research*, 2004, 89（1）: 85-95.

[3] Holmström K O, Welin B, Mandal A, *et al.* Production of the Escherichia coli betaine-aldehyde dehydrogenase, an enzyme required for the synthesis of the osmoprotectant glycine betaine, in transgenic plants [J]. *Plant Journal*, 1994, 6（5）: 749-58.

［4］王丽燕，赵可夫. 玉米幼苗对盐胁迫的生理响应 ［J］. 作物学报，2005，31（2）：264-266.

［5］侯建华，王茅雁，李明哲. 玉米萌发期抗旱性鉴定的初步研究 ［J］. 内蒙古农牧学院学报，1994（3）：19-22.

［6］刘洪兰，李景富，许向阳,等. NaCl 胁迫对不同番茄种子萌芽的影响 ［J］. 东北农业大学学报，2008，39（5）：28-33.

［7］姚启伦，范淑萍. NaCl 胁迫对玉米地方品种苗期植株形态的影响 ［J］. 湖北农业科学，2010，49（5）：1065-1067.

［8］Adem G D，Roy S J，Zhou M，*et al.* Evaluating contribution of ionic，osmotic and oxidative stress components towards salinity tolerance in barley ［J］. *Bmc Plant Biology*，2014，14（1）：535-539.